农业农村清洁流域——理论与实践

梅旭荣　朱昌雄　李红娜 等　著

科学出版社

北京

内 容 简 介

本书以农业农村清洁流域为主线，分上、中、下三篇。上篇系统阐述了我国农业农村水环境问题及成因，详述了我国农业农村清洁流域理论体系，并提出了污染物产排放规律、污染溯源与解析等清洁流域构建的方法设计。中篇以"控、减、用"为核心，分别从种植、养殖和农村生活三个方面阐述了源头控制、过程减排与循环利用的农业农村清洁流域构建技术。下篇从因地制宜的农业农村特征及系统统筹的思路出发，总结提炼了典型技术模式，并介绍了农业农村清洁流域工程案例，以期为各位研究工作者提供参考。

本书适合农业农村污染防治、农业绿色低碳发展和乡村振兴等相关方向的科研人员、技术推广人员及政府部门管理人员阅读参考。

图书在版编目（CIP）数据

农业农村清洁流域：理论与实践/梅旭荣等著 . —北京：科学出版社，2023.9

ISBN 978-7-03-076396-9

Ⅰ．①农…　Ⅱ．①梅…　Ⅲ．①农村–水环境–环境综合整治–研究–中国　Ⅳ．①X143

中国国家版本馆 CIP 数据核字（2023）第 174541 号

责任编辑：张　菊 / 责任校对：樊雅琼
责任印制：徐晓晨 / 封面设计：无极书装

科学出版社 出版
北京东黄城根北街 16 号
邮政编码：100717
http://www.sciencep.com

北京中科印刷有限公司 印刷
科学出版社发行　各地新华书店经销

*

2023 年 9 月第 一 版　开本：720×1000　1/16
2023 年 9 月第一次印刷　印张：12 1/4
字数：250 000
定价：138.00 元
（如有印装质量问题，我社负责调换）

编 写 人 员

主　　笔：梅旭荣　朱昌雄　李红娜

副 主 笔：耿　兵　张晴雯　杨正礼　郭　萍　徐春英
　　　　　张庆忠

编写人员（按姓名笔画排序）：

叶　婧　田云龙　朱昌雄　刘　雪　许春莲

杨子萱　杨正礼　李玉中　李红娜　吴华山

张庆忠　张爱平　张晴雯　罗安程　罗良国

赵永坤　俞映倞　耿　兵　徐志宇　徐春英

徐海圣　郭　萍　梅旭荣　梁志伟　薛颖昊

顾　　问：杨林章　吕锡武　徐向阳

前　言

《第二次全国污染源普查公报》数据显示，全国水污染物化学需氧量、氨氮、总氮和总磷排放量分别为 2143.98 万 t、96.34 万 t、304.14 万 t 和 31.54 万 t，其中农业农村源占比分别为 73.08%、47.87%、61.2% 和 78.92%。可见，农业农村源已经上升为流域水体的首位污染源。治理农业农村污染是深入打好污染防治攻坚战的重要任务，是实施乡村振兴战略的重要举措，对推动农业农村绿色低碳发展、加强农村生态文明建设具有重要意义。我国农业农村污染防治的难点在于：一是入河湖污染负荷不清，不能支撑污染精准识别与靶向防治；二是当前研究多为单项单点污染防治技术，不能实现多源复合污染有效防控；三是不同地理气候特征造成的农业主产区生产生活差异性大，治理技术模式不能适应流域污染防控多样化需求。

针对以上问题，在国家水体污染控制与治理科技重大专项等项目支持下，经过近 20 年的研究，我们提出了农业农村清洁流域构建的理论和方法，创新了关键技术，优化集成了以"种–种""种–养""生–种""种–养–生"一体化为核心的技术模式，打造了农业农村污染防治和绿色发展协同的成功样板。本书以农业农村清洁流域为主线，分上、中、下三篇。上篇系统阐述了我国农业农村水环境问题及成因，详述了我国农业农村清洁流域理论体系，并提出了污染物产排放规律、污染溯源与解析等清洁流域构建的方法设计。中篇以"控、减、用"为核心，分别从种植、养殖和农村生活三个方面阐述了源头控制、过程减排与循环利用的农业农村清洁流域构建技术。下篇从因地制宜的农业农村特征及系统统筹的思路出发，总结提炼了典型技术模式，并介绍了农业农村清洁流域工程案例，以期为各位研究工作者提供参考。

本书在撰写过程中，得到了合作单位研究同行的大力支持，对此我们表示衷心的感谢。由于该研究方向的成果还在完善，加上作者水平、经验有限，难免有不足之处，敬请广大读者批评指正。

作　者
2022 年 12 月

目　　录

前言

上篇　农业农村清洁流域理论与方法

第1章　我国农业农村水环境问题及成因分析 ·············· 3
1.1　农业农村水环境问题现状 ·············· 3
1.2　农业农村水环境问题成因分析 ·············· 5
第2章　农业农村水污染治理与农业农村清洁流域理论 ·············· 12
2.1　农业农村清洁流域构建思路 ·············· 12
2.2　农业农村清洁流域主控指标 ·············· 18
2.3　农业农村清洁流域构建技术选择原则 ·············· 19
2.4　农业农村清洁流域建设推进机制 ·············· 20
第3章　农业农村清洁小流域构建的方法与设计 ·············· 22
3.1　初步探明农业农村污染物产排污规律 ·············· 22
3.2　农业农村清洁流域污染源解析方法及效果 ·············· 25
3.3　农业农村清洁流域构建技术路线图 ·············· 29

中篇　农业农村清洁流域技术

第4章　污染源头控制技术 ·············· 33
4.1　种植业污染源头控制技术 ·············· 33
4.2　畜禽养殖业污染源头控制技术 ·············· 43
4.3　农村生活污水治理技术 ·············· 50
4.4　农业农村管理机制与对策 ·············· 55
第5章　污染过程减排技术 ·············· 71
5.1　种植业方面 ·············· 71
5.2　养殖业方面 ·············· 81
5.3　农村生活方面 ·············· 88

第6章 养分循环利用技术 ·· 94

6.1 种植业污染"种-种"循环利用技术 ··················· 94

6.2 养殖业污染"种-养"循环控制技术 ················· 102

6.3 农村生活污水污染"生-种"控制技术 ············· 123

下篇 农业农村清洁流域模式

第7章 种植业污染负荷削减的"节减用"模式 ················ 137

7.1 "节减用"模式应用代表成套技术 ··················· 137

7.2 "节减用"模式应用综合成效 ······················· 142

7.3 "节减用"模式农业农村清洁流域应用实践 ········· 143

第8章 养殖业污染负荷削减的"收转用"模式 ················ 149

8.1 "收转用"模式应用代表成套技术 ··················· 149

8.2 "收转用"模式应用综合成效 ······················· 153

8.3 "收转用"模式农业农村清洁流域应用实践 ········· 154

第9章 农村生活污染负荷削减的"收处用"模式 ·············· 156

9.1 "收处用"模式应用代表成套技术 ··················· 156

9.2 "收处用"模式应用综合成效 ······················· 163

9.3 "收处用"模式农业农村清洁流域应用实践 ········· 165

第10章 农业面源"种-养-生"一体化控制模式 ·············· 167

10.1 组合工艺 ······································· 167

10.2 技术包 ··· 168

10.3 "种-养-生"一体化控制模式农业农村清洁流域应用实践 ······· 170

参考文献 ··· 181

上　篇
农业农村清洁流域理论与方法

|第1章| 我国农业农村水环境问题及成因分析

1.1 农业农村水环境问题现状

我国是农业大国，重农固本是安民之基、治国之要。为保障14亿人口粮食安全，农业做出了巨大的贡献，但是高强度集约化的生产方式，导致过量投入的养分和废弃物进入土壤与水体等环境介质，造成了土壤退化和水体富营养化等环境问题。近年来，我国在工业、城镇生活和农业农村污染治理方面开展了大量的工作，取得了一定的成效，但是与工业和城镇生活污染治理相比，农业农村污染负荷的削减幅度依然较小、速度依然较低，农业农村污染仍是水体污染的主要贡献来源。2020年6月发布的《第二次全国污染源普查公报》的数据显示，我国农业农村领域中污染排放量与第一次污染普查相比明显下降，但农业源污染物的占比仍然很高，农业农村化学需氧量（COD）、总氮（TN）和总磷（TP）排放量分别占到全国排放量的73%、61%和79%。农业农村污染成因主要包括农田种植过程中农药、化肥的过量使用及畜禽养殖等产生的废弃物，通过降雨、排水等途径进入地表、地下水环境中。其中，畜禽养殖在农业农村污染中所占比例最大，种植业和农村生活污水也不容忽视。农业农村污染系统控制与治理依然是改善流域水环境质量的关键。

我国传统农业经济发展中，始终以种植业为主、养殖业为辅的模式运行，并且多以分散养殖形式进行畜禽养殖，猪、牛、羊等家畜一般为圈养，而鸡、鸭、鹅等家禽多为散养。而养殖户会进行畜禽粪便的沤制，然后将肥料施撒于农田中，所以不存在粪便、废水大量排放的问题。虽然传统分散养殖形式创造的收益较低，但不具备严重破坏生态环境的能力。而实施集约化、规模化养殖后，分散养殖模式逐渐消失，取而代之的则是大批量养殖专业户的形成，养殖数量接近规模养殖，但按照养殖标准判断又属于分散养殖；同时因养殖场地规模小，加之兽药的大量应用，畜禽养殖的水污染物排放量逐年提升，当地生态系统无法承载逐年提升的排放量，造成畜禽养殖污染问题日益突出。根据《第二次全国污染源普查公报》，2017年畜禽养殖业排放的化学需氧量占全国废水排放量的46.67%，氨氮排放量占全国废水排放量的 11.51%，总氮排放量占全国废水排放量的 19.61%，总磷排放量占全国废水排放量的 37.95%。虽较第一次全国污染源普查，畜禽养殖业的污染减排取得了一定的效果，但畜禽养殖业在全国废水污染物排放中的占比有所上升，其造成的水环境问题亟待解决。

近年来，随着改水、改厕和新农村建设等农村水环境综合整治措施的开展，农村的水环境有了一定的改善。但在污水收集处理、生活垃圾处理、面源污染治理和农村水环境管理能力方面还存在问题。首先，由于农村布局分散，污水收集处理难度较大。大部分村庄缺乏独立的污水收集系统，部分经新农村改造的村庄建立了污水收集系统，但雨污并未分流，未进行改造的自然村污水乱排乱倒现象依然存在。污水收集时出现跑冒滴漏，给管网周围的土壤和水环境造成二次污染。部分村庄虽建设了污水处理设施，但由于缺少维护资金、技术人员等，设施基本处于停用状态，并未达到污水处理的效果。其次，村民由于长期养成的习惯，将产生的生活垃圾随意丢弃或直接倒入沟渠河道，不仅堵塞和污染河道，而且一些生活垃圾和化肥、农药等废弃物随意堆放，在雨水作用下固体废弃物中的污染物质进入地下水，造成了地表水和地下水的污染。部分村庄采用集中供水和分散供水相结合的方式，以山泉水和地下水作为饮用水来源，但对水源水质并未进行常规监测，暴雨时段，饮用水出现混浊现象，不适合生活饮用；再加上村民饮水没有经过沉淀、过滤和净化等工艺，水质安全无法得到保障。一些农村虽建有水净化装置，但由于缺乏维护资金和专业的维修人员，运行一段时间后就搁置废弃。另外，乡镇企业的发展虽促进了乡村经济的发展、提高了村民的物质文化生活水平，但对农村水环境也造成了严重的污染，尤其是一些造纸、印染、化工厂等，废水污染性强、排放量大，使得附近的农村水污染严重。除此之外，农业农村污染多年来一直是我国河湖污染的主要污染源，也逐渐成为农村水环境中地表水体污染的主要贡献者，严重威胁全国人民的饮用水安全。

为了同时保障粮食和水质双重安全，我国农业需要实践生态转型，寻找新的突破口；在保护生态环境的同时，倒逼农业转变发展方式，走绿色农业发展的路子。目前已经积累了长期农业环境污染治理研究的经验，也有多年对农业污染源溯源方法和致污机理的深入研究，但目前农业环境污染研究和治理的难点在于污染治理分散难以形成流域污染防控模式、流域水质治理与农业生产特点结合不紧密。农业环境污染治理不应把不同组分的一般农业标准简单拼凑，制定调控模式标准的关键是技术之间的优化配置。农业农村污染治理亟须通过流域和生态系统的整体生物多样性构成、养分循环与能源流动关系构建来实现系统的多功能协调。

1.2 农业农村水环境问题成因分析

1.2.1 污染来源及负荷底数不清

河流污染和湖泊富营养化污染物来源不明与数量不清一直困扰着水体污染防治政策的制定、环境治理规划布局和治理技术的研究。两次全国污染源普查公报报告了农业源氮、磷、COD等污染物的流失排放量，虽然可以看出农业农村污染已经成为继工业源和生活源之后的最大污染源，但是流域农业农村污染负荷的准确数量、达到何种水平等仍然没有明确的计算方法和结果，因此建立科学合理的农业农村污染负荷计算过程和方法，准确获得流域范围内种植业、养殖业污染物排放量就成为农业农村污染防治的关键环节和重点研究内容。

厘清农业农村污染负荷，构建符合国情的农业农村污染溯源方法和污染负荷估算方法十分必要。目前水体污染负荷的估算方法忽略了面源污染复杂过程的研究，对污染物输出浓度有很大影响的侵蚀、污染物迁移转化往往没有在估算方法中得到具体体现，在一定程度上高估了农业农村污染负荷。现有污染负荷估算模型都是在特定的立地和管理条件下建立的，如果立地和管理条件完全不同，经验就不起作用，污染物的产生与迁移机制也大不相同。不论是经验模型还是机制模型，偏离了相似的原始条件，模型模拟的结果都会大打折扣。欧美农业与我国的农业生产情况相差甚远，欧美农场尺度大、机械化程度高、作物与牧草轮作，而我国农业多是一家一户的小农模式，基本没有休闲种植，复种指数高。此外，我国北方地下水位下降导致河流干涸，降雨一般情况下不形成地表径流，而南方有较高的田埂，一般降雨田块中的雨水也不形成地表径流。直接把国外的模型应用到中国来是不合适的，而且应用这样的模型模拟的农业农村污染负荷很可能是偏大的。因此，针对重点流域农业农村污染治理急需解决的源解析方法、入湖入河污染物总量不清等问题，构建适合于我国国情的农业农村污染溯源和负荷估算方法尤为必要。

1.2.2 污染治理缺乏系统性理论指导

传统农业发展方式与资源环境约束的矛盾依然突出，种植业、畜禽养殖、农村生活是农业农村污染的三大来源。流域水质治理与农业生产特点结合不紧密，我国节能减排的种植结构体系尚未形成，14亿人口粮食安全压力下难以压减氮磷用量。"表象在水体,根子在陆域",削减进入水体的陆域污染负荷是治理农业农村污染的根本出路。面临粮食安全和水环境保障的双重压力,目前亟须结合流域水文特点和农业生产特点,实践生态转型,寻找新的突破口。目前,面源污染防治、农村生态环境改善还处在治存量、遏增量的关口,已由局部扩展到更大范围,从流域的一部分扩到全流域。针对面源污染出现的瓶颈问题,需要建立全过程和长时期的防治体系,必须有一套理论与方法的指导。

面源污染风险区一般也是农业主产区,粮食、能源、生态竞争激烈,农业集约化发展加剧了农业生产与水生态水环境之间的矛盾。因此,面源污染治理必须从全域层面考虑生态保护与农业高质量发展的系统性、整体性和协同性,必须采取流域系统观理论分析方法。农业流域大系统是由若干个子系统结合而成的整体,但其性能不等于各个子系统特性的简单相加。大系统的各个子系统之间有着千丝万缕的联系。因此,研究农业农村清洁流域时,必须同时研究其他子系统与农业清洁生产的制约关系。因为农业清洁生产之外的其他子系统都是农业清洁生产的环境,所以对农业农村清洁流域的研究,不能将其作为孤立事件处理,必须将该系统及其环境作为整体研究,而面源污染治理这方面的理论缺乏系统研究。

因此,面向国家粮食刚性需求与水环境保护的重大需求,针对农业农村污染发生的生产过程和生态水文过程双重影响的复合型特征,从农业农村污染全域全链条防控技术体系构建思路与方法的需求出发,本书提出了以农业农村清洁流域构建实现面源污染治理的理念。以粮食安全和农业环境双赢为目标,在保护生态环境的同时,倒逼农业转变发展方式,发展农业资源和生态环境融合的农业绿色高质量发展模式,把农业生产活动组装成资源—产品—再生资源的循环链,所有物质和能源在循环链中得到合理持续利用,把生产活动对农业环境的影响降低到最小。在流域尺度上农业生产过程既不对外部环境产生负面影响,又能有效防止外源污染;并以此为基础在高一级流域进行综合,形成流域尺度农业农村清洁流域构建方案,从而实现流域环境资源的可持续利用,为国家千亿斤增粮计划压力下绿色农业可持续发展提供科技支撑。

1.2.3 污染治理技术全域全过程控制不足

目前面源污染治理单项技术研发较多,缺乏成套技术的集成优化。农业环境污染治理不应把不同组分的一般农业标准简单拼凑,制定调控模式标准的关键是技术之间的优化配置。

1. 种植业方面存在的问题

（1）高作物产出和低氮磷排放难两全。

我国作为农业大国，粮食总量供给是国家战略需求的重要部分。受迫于日益增加的人口压力和经济发展需求，耕地面积的减少不可避免，提高单位面积的作物产出是保证粮食总量供给的关键。与国外相比，我国种植业在化肥投入管理上集约化程度更高，而较为破碎化的农田分布增加了大型机械化统一精细管理的难度，提高化肥投入量是农户争取高产的主要途径。自 20 世纪 70 年代至 2018 年，我国氮肥和磷肥的消费量分别增长了 1.8 倍和 2.7 倍，助力实现了我国粮食总产量的成倍增长。然而，过量施肥导致的氮排放量增加了 240%，而磷则以沉积态大量存在于土壤中，导致近十年来耕地土壤中磷的盈余量提高了 10 倍多，为农业农村水体污染带来了巨大的隐患。肥料对作物产出和氮磷损失的同步推动，导致高作物产出和低氮磷排放呈现出难两全的现况。

（2）农田用地紧张，农田距离水系路径较短，设置过程拦截工程要求高、难度大。

受限于我国"人多地少"的土地利用现况，为单位面积农田配备较高面积比例的湿地对排水中的污染物质进行净化，或在农田周边空闲区域构建较宽拦截带对排水中的污染物质进行阻断，不具备可行性。我国农田距离水系路径较短的状况较为普遍，农田排水中的氮磷养分极易迅速排至河道水体。对农田排水污染的有效拦截，应在较短迁移路径得以实现，且相关工程设施不宜占据额外农田，要求高、难度大。

因此，相较于养殖业、农村生活等污染源，种植业面源污染具有更高的潜在氮磷损失总量和污染风险，更为不易管控与削减。

2. 养殖业方面存在的问题

（1）畜禽养殖业的污染日趋严重。

畜禽养殖污染不断加重的主要原因表现在以下几个方面：养殖场布局不合理、污染物防治积极性差、畜禽养殖污染监管困难和畜禽养殖污染防治技术有待提高。畜禽养殖布局不够规范是养殖场普遍存在的问题，也是污染防治不力的重要影响因素；从养殖污染的源头来说，厂址规划、工艺规划的不合理及畜禽饲料、粪便当中的有害物质均会导致养殖场周围水体污染，继而影响周边居民的人身健康。中小型养殖场多以扩大养殖规模赚取收益为首要出发点，粗放式管理，很少会把注意力放在污染防治上，而近些年饲料、疫苗等价格上涨，畜禽养殖成本大大增加，加之污染防治本身是一项系统工程，同时要花一定费用才能达到规定的要求，但这无法给养殖户带来经济效益，导致当前畜禽养殖业中污染防治的积极性不高。畜禽养殖场分布零散，多在郊区和农村，畜禽饮水、器具清洗、个体清洗及粪便处理过程都会产生污水，使得污染监管困难，很多污染问题无法被发现。此外，畜禽养殖污染防治技术的不成熟，也是畜禽养殖目前面临的重要问题。

畜禽养殖废水中除了包含大量的畜禽粪便组分，还包含了大量的悬浮物、氮、磷及农药残留等，危害巨大。未经处理的畜禽养殖废水进入周边环境将会导致有害物质进入地下水、农田、土壤，导致地下水污染，对农作物的正常生长造成严重危害，影响土地的整体质量，从而影响当地农业的发展。另外，养殖废水中含有的大量氮磷是造成水体富营养化的主要原因，而水体富营养化已成为世界上突出的环境问题之一。

面对畜禽养殖污染的严峻形势，除了从源头上减少污染物排放，对养殖废弃物的资源化利用是缓解畜禽养殖污染的重要方法之一。2017 年全国畜禽粪污总量达 39.8 亿 t，但目前畜禽养殖产业废弃物的综合利用率不足 60%。《乡村振兴战略规划（2018—2022 年）》提出要在 500 个养殖县全县推进畜禽粪污资源化利用试点，使全国畜禽粪污资源化利用率提高到 75% 以上。目前农村生态环境治理是乡村振兴的瓶颈，而畜禽养殖产业废弃物的资源化利用是解决农村生态环境治理的重要一环。因此，加快畜禽废弃物资源化利用是解决畜禽养殖污染、控制农业农村污染和改善农村生态环境的重要途径之一。

养殖业污染防治的技术瓶颈主要体现在：①养殖污染治理的工艺还不够成熟，很多技术、设施或设备都是直接参照工业污水模式，但粪污产量大、浓度高、污染种类复杂、有机物含量高等特性，导致处理效果大打折扣；②工程化处理的装备相对缺乏，技术研究基于小规模的养殖场现状，对规模化迅速发展后的技术攻关不足，尤其是粪污资源化还田的技术和装备相对落后；③单项技术研发较多，成套技术的开发缺乏，且不同技术之间的衔接度不够，工艺组合运行不畅，造成设施设备运行不畅、成本太高、维护困难等情况。

（2）水产养殖业的污染不容忽视。

随着经济的快速发展和养殖业者对高产高效益的追求，我国的水产养殖朝着高密度、集约化、规模化的方向发展，形成了高生物负载量和高投入量的养殖模式。2019 年水产养殖产量已达 5000 余万吨，约占世界水产养殖总产量的 70%，稳居世界首位。在高投入高产出的模式下，养殖密度超过了水体容量，大量的残剩饵料、肥料和生物代谢产物累积，造成氮、磷、渔药等污染物超过了池塘水体的自然净化能力，水体富营养化显著，养殖水体的污染日益严重。为了维持水体的生态功能，必须通过更换养殖用水来保证水产养殖的正常进行，废水中的氮磷未经处理直接排入周边水域，导致水域富营养化。据《第二次全国污染源普查公报》，2017年全国水产养殖业水污染物排放量为化学需氧量66.60万t，氨氮2.23万t，总氮9.91万t，总磷1.61万t，分别占全国农业源水污染物排放量的6.24%，10.31%，7%，7.59%。目前我国绝大部分地区水产养殖尾水未经净化处理直接外排，造成周围河流、湖泊水体氮、磷等元素增加，导致水体富营养化或加重水体富营养化等。另外，养殖者对化学渔药的不规范使用导致养殖水体中药物残留量超标，进而对水域生态系统造成危害，破坏水体生物群落结构，进而减弱水体降解氮磷的能力。

3. 农村生活方面存在的问题

（1）农村生活污水治理率低，处理设施运行率低、稳定运行效果差。

目前我国农村生活污水年排放量为100亿t左右，水体污染控制与治理科技重大专项（简称水专项）近十年的调查研究表明，太湖流域农村生活源COD和氨氮入湖通量占20%左右，与工业源相近；2016年洱海流域农村生活污染总氮、总磷负荷分别占入湖污染总负荷的23%、18%。加快农村生活污水治理，对流域水环境质量改善十分必要。但截至2020年有效治理率仅为25.5%，已建成的农村生活污水处理设施普遍存在运行率低、处理效果不理想等问题。"十二五"期间的太湖流域调研结果显示，抽查的210套农村生活污水处理设施中，48.6%可正常运行，29.5%非正常运行，21.9%设施未运行；对采用A^2/O一体化装置、复合生物滤池、膜生物反应器及序批式活性污泥法4种常用技术的水处理装置的出水水质进行检测，结果显示COD去除效果较稳定，后3种技术总氮去除效果不稳定，4种技术在不添加药剂情况下总磷去除率仅为28%~36%，处理率普遍不高。2017年广东省调研数据显示，已建农村污水处理设施有效运行率不足20%。除资金短缺、管理粗放等因素外，技术不符合农村特点、运行成本高、运行维护复杂等是制约农村生活污水设施正常运行的主要技术瓶颈。

（2）工程项目规划、建设不规范。

部分地区由于前期规划不到位，农村生活污水处理设施建设与改厕、饮用水、扶贫安置、雨水收集等工程未能有效衔接，存在农村污水处理设施进水量小、污水浓度低、影响污水处理设施正常运行等问题；农村污水处理设施规模大多小于$200m^3/d$，设计中存在不考虑农村污水水量小、波动大等特点及地区差异，简单套用城市污水处理工艺技术和设计参数等问题，导致出水达不到预期效果；农村生活污水处理设施规模小、位置偏远，工程建设过程中普遍存在低价中标、层层转包及施工过程质量监督薄弱等问题，导致收集管道、处理设施建设不规范，施工质量差、建材质量得不到保证、污水漏失量大、使用寿命短等问题突出。

(3) 污水治理设施长效运行机制不健全。

农村生活污水治理长期存在地方政府责任落实不到位、设施运维经费不能足额到位、管理不规范、监管不到位等问题。一些地方对农村生活污水处理重视不够，主体责任不明确，无量化考核指标。大多未建立合理收费机制，经费主要依靠地方政府，财政压力大。生活污水治理投入大、投资回报低，社会资本不愿介入，使得资金渠道少，运维资金缺口较大。部分地区为节省运维费用，委托当地村民运维，技术水平低，无法实现专业化维护管理。基层环保监管人员严重不足，市级环境监管人员数量少、任务重，对农村污染治理设施只能偶尔抽查；乡镇级环保所几乎没有专业的环保人员，严重影响了农村环境监管工作。

(4) 资源化利用水平低。

部分地区脱离农村实际，盲目追求污水达标排放，不仅建设和运行费用高，造成资源浪费，且不便于后期管理。已出台的地方农村生活污水排放标准中，仅山西和宁夏的标准提出污水灌溉回用水质标准，其他标准未明确提出资源化利用要求，从标准层面缺少引导。对我国 2000~2016 年共计 119 项小于 $1000m^3/d$ 的农村生活污水处理工程案例进行文献统计，共 84 篇文献注明设计出水标准，其中执行各类排放标准的文献占 94%，执行《农田灌溉水质标准》(GB 5084—2005) 的仅占 6%。资源化利用水平低的主要原因除地方政府盲目追求农村生活污水处理高标准外，资源化利用配套设施、激励机制不健全，农民资源化利用积极性不高也是重要原因。

1.2.4 面源污染治理缺乏长效运维管理机制

农业农村政策管理方面主要面临的问题包括治理主体责任不明确、不同管理部门之间政策设计协调性不足、法规标准体系不系统不完善、缺乏有效监管和评估技术支持、缺乏长效运维管理机制、市场机制不完善等。

农业农村污染存在分散性、随机性、隐藏性、难监测、具体责任主体难以追溯等特点，同时农业农村污染治理存在明显的外部性特征，地方政府对环境质量的监管仍然主要集中于工业企业等点源污染，对农业农村污染治理工作推动力度不够，同时广大农民、农业生产合作社、其他农村经营企业等主体主动开展农业农村污染治理的积极性不足。农业农村污染治理涉及多个管理部门，但部门之间沟通协调不足，难以形成治污合力。农业农村污染治理的法规和标准体系尚不完善，针对种植业、畜禽和水产养殖、农村生活污水治理等方面的强制性措施、引导性标准和工程技术规范明显缺乏。农业农村污染管理措施缺乏有效监管技术，面源污染治理管理的有效性难以确认。农村生活污水治理、秸秆综合利用、畜禽粪污资源化利用等早期偏重于设施建设，但普遍缺乏运营资金、专业运维管理技术和机制保障，难以保证长效运营效果，相应的价格激励、政策激励机制明显不足，有机农产品生产、畜禽粪污综合利用、秸秆资源化利用等难以充分体现为相关生产者的经济效益。

第2章 农业农村水污染治理与农业农村清洁流域理论

小流域是陆地表层系统科学研究的最佳基本单元，是农业农村面源与生态修复建设的"源汇一公里"。传统意义上的农业环境研究多注重田块或单个养殖场，而管理又是从行政区域的角度进行，在大多数情况下行政边界与流域边界又具有不整合性。流域是地球陆地生态系统运行的基本空间生态单元，是生态系统的最佳自然分割。在一定地貌格局控制下，流域具有层次性和分维特征，而小汇水单元生产和生态水文情景比较均一，研究更具有可操作性。

本研究团队依托国家水体污染控制与治理科技重大专项，以流域农业农村污染一体化防治为目标，在国内首次提出农业农村清洁流域的理念。农业农村清洁流域是指以汇水区为基本单元，以水资源和生态环境保护为核心，按照生态学和经济学原理，实现流域内资源和废弃物的循环与再利用，保障流域出口断面水质达标的流域。其核心内容为采用现代科技成果和管理手段，组织农业生产和农村生活，以物质循环利用和降低污染治理成本为原则，实现农业资源高效利用、生产过程生态环保和乡村环境美丽宜居。该理念打破了针对不同污染源开展单项治理的观念，形成了将农业农村污染问题统筹考虑的一体化防控理念；在流域农业农村源污染负荷精准解析的基础上，基于源头控制、过程减排、末端利用的原则，从流域尺度上统筹清洁生产、种养平衡、生物生态耦合联控，通过全域全链条有机衔接实现废弃物循环利用，构建主要污染源空间全覆盖、"种-养-生"一体化治理污染的农业农村清洁流域技术模式，使农业农村系统废弃物释放最少化，保障流域产流水体功能区出口断面水质达标。

2.1 农业农村清洁流域构建思路

农业农村清洁流域建设是一项非常复杂的系统工程，必须建立全过程和长时期的防治体系，必须有一整套理论与方法的指导。针对粮食刚性需求与水环境保护的矛盾问题，从农业农村污染全域全链条防控技术体系构建思路与方法的需求出发，遵循农业生态学、清洁生产原理、生态水文学、系统控制论等科学原理与方法，按照清洁生产、种养平衡、生态联控和区域统筹有机结合的技术思路，以保障粮食安全前提下流域污染负荷削减为核心目标，构建主要污染源空间全覆盖、种植–养殖–农村生活"控–减–用"协同调控的流域农业农村污染控制模式，形成全链条有机衔接的农业农村清洁流域构建模式，使农业生产系统对环境的废弃物释放最少化，满足重点流域农业农村污染防治的要求，为破解重点流域粮食主产区面源污染防控难题提供系统解决方案（图 2.1）。

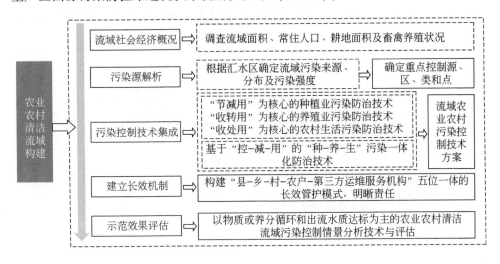

图 2.1　农业农村清洁流域构建思路

2.1.1　清洁生产原理在农业农村清洁流域建设中的应用

　　当前我国面源污染治理仍处于压力叠加、负重前行的关键期，环境保护与农业高强度集约化发展长期矛盾和短期问题交织，环境保护和污染治理结构性、根源性、趋势性压力总体上尚未根本缓解。我国是一个农业大国，在由传统农业生产方式向现代农业转变过程中，高消耗、高污染、低质量的农业生产方式已严重限制了农业可持续发展，促进农业发展全面绿色转型是从根本上改善农业农村生态环境质量的必经之路，改变以过高资源能源消耗、过量污染和碳排放为主的粗放型农业生产方式已成为新形势下农业农村生态环境保护工作的必然选择。随着工业领域的生态环境保护工作的不断深入，非工业行业的环境污染问题逐步突显出来。农业的种植业、养殖业等面源污染问题，在一些地方正在由原来的次要矛盾上升为主要矛盾，城乡面源污染防治形势不容乐观。面源污染治理要跳出"先污染，后治理"的怪圈，打破末端治理的传统单一模式，污染治理向产业链延伸，突出精准治污和全过程治污。清洁生产作为扭转农业粗放发展方式、源头改善主产区水环境质量的重要措施，是当前形势下减污降碳协同增效的有力抓手，对于实现农业高质量绿色发展和生态环境保护将发挥重要的作用。

本质上来说，清洁生产就是对生产过程与产品采取整体预防的环境策略或生产模式，突出全生命周期治理和污染物源头减量，其目标是要减少或者消除产品与生产过程对人类及环境的可能危害，同时充分满足人类需要，使社会经济效益最大化（图 2.2）。农业清洁生产贯穿两个全过程控制，即农业生产全过程控制和农产品生命周期全过程控制。

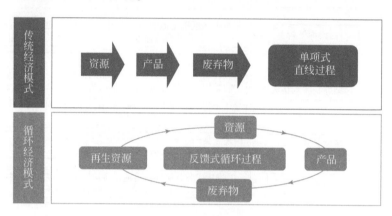

图 2.2　传统与循环经济模式对比图

清洁生产追求两个目标：一是通过资源的综合利用，包括短缺资源替代、循环利用及节能增效，达到自然资源和能源利用的最合理化。二是在获得清洁产品和经济效益的同时，减少生产过程废弃物和污染物的排放，使生产活动对人类和环境的风险最小化。欲将农业农村污染控制好，就必须实施农业清洁生产。有三个关键环节必须做好。

第一，深化源头治理，抓好农业生产重点领域投入品科学减量。以节约资源、降低能耗为目标，优化管理投入品材料，科学统筹并适度减量使用肥料、农膜、农药、添加剂、水资源。在生产过程开始以前也就是在污染前采取的预防对策，是最有效的环节，是农业生产全过程无污染控制的基础。在选择投入品时，不仅要关心自身的潜在污染可能性，还要关心再使用的可能性和可循环性，考虑不同投入品间的分级闭环流动，考虑投入品的回收处理与产品使用过程的污染等。

第二，提升农业生产过程清洁化水平，从环境的末端治理向过程防控转变。把清洁生产作为促进农业产业升级、结构优化、生产方式绿色转型的重要途径，产品生产过程进行绿色设计，在生产中使用更环保的材料、精准的要素配置或更优异的机械等，生产的每个环节都没有废弃物排放或使污染最小化，减少或者避免生产过程中污染物的产生和排放，将环境保护效益与产品质量及竞争力相结合，确保高效、绿色、低碳、安全的可持续发展模式。

第三，提高农业废弃物资源利用及多级循环利用水平，倒逼农业全面绿色转型升级。我国农业废弃物产生量巨大，全国秸秆综合利用率为86.7%，畜禽养殖粪污综合利用率为75%。亟须发挥好农业废弃物资源利用和减污降碳协同作用，强化科技支撑为导向，系统提高农业农村废弃物高效利用，加强种植业和养殖业废弃物的回收和资源化，这一方面可大幅度减少农业污染物的产生，减轻农业污染的后处理难度；另一方面在农业废弃物资源化方面开展工作，可避免农膜、秸秆等废弃物的长期堆积造成难以解决的历史遗留问题。应促进农村生产生活可再生能源替代，提升农村人居环境，打造种养结合、生态循环、环境优美的田园生态系统，最大限度消除或减少有害物质排放和残留。

2.1.2　生态学理论在农业农村清洁流域建设中的应用

农业生态学的理论和方法是构建农业农村清洁流域与全过程面源污染防治最重要的科学依据之一。农业生态学是一门研究农业生物（包括农业植物、动物和微生物）与农业环境之间相互关系及其作用机理和变化规律的科学，主要运用生态学原理和方法，将农业生物与其自然环境作为一个整体，研究其相互作用、协同演变及社会经济环境对其调节控制的规律，以促进农业全面持续发展。

农业生态学的基本任务是协调农业生物与环境之间的关系，维护农业生态平衡，促进农业生态与经济的良性循环，实现经济效益、社会效益和生态效益的协同增长，确保农业的可持续发展。而农业农村污染控制的基本目标正是要在保障区域农产品安全的前提下，实现区域生态环境的安全，这一目标与农业生态学的基本任务是完全一致的。

物质循环再生理论是生态学的基础理论之一。农业生态学倡导构建结构合理、功能强大、生物与环境关系协调的物质循环再生及能量高效转化体系，既包括环境中的物质循环、生物间的营养传递及生物与环境间的物质交换，也包括生物质材料的合成、分解与转换。基于这一原理的指导与要求，在流域面源污染防治中，首先必须建立良好的农业生态系统结构，如选择水肥高效能利用生物品种、摒弃氮磷养分高排放种植模式、采用适宜的化肥减量增效技术、选择新型肥料产品、建立流域生态渠塘系统、发挥湿地与林草过滤篱带的作用等，都是建立良好结构的重要技术。

生物与环境相互作用与协同进化原理表明，生物与环境相互作用、相互影响，两者之间存在协同进化的基本特征。面源污染控制的直接目标是要保障水环境等环境要素质量及可持续演变，这必须建立在生物与环境相互适应和良性演化的基础之上。因此，有效控制农田肥力减退，采用生物基材料促进农业生态系统土壤等环境要素质量不断提升，严格控制工业"三废"进入农业环境，成为维护好农业生态系统生态平衡和控制农业农村污染的必然选择。

2.1.3　农业水文学对农业农村清洁流域建设的指导作用

水的驱动是面源污染的基本动因。因此，特定区域的农业水文特征常常与面源污染的强弱和发生规律有着直接的关联。例如，我国黄淮海地区，自然条件下农业生产上洪涝旱碱（淤）灾害同时并存、交替出现，构成这里特定的农业水文现象，从水-土-气-植系统看其成因，从水-土-植关系中找对策，可以看出其治理并不是单因素、单方面的，而是全局统筹、协调好内部矛盾关系的综合治理。不论哪一种面源污染形式，从农业汇水特征上都具有特定走向，常常形成特定的汇水单元，具有小流域的基本特征，这在控制农业农村污染当中提供了重要的水文学思考思路。

农业水文学是研究特定区域农业生产现状条件下各种水文现象的发生发展规律及其内在联系的一门学科。主要研究水分-土壤-植物系统中与作物生长有关的水文问题，尤其着重研究植物蒸散发和土壤水的运动规律。农业水文学是水文学与农业科学的交叉边缘学科，是指与农业活动有关的水文条件、水资源利用及其内在联系的科学。其宗旨是研究大气水、地面水、土壤水、地下水联合应用，以便更有效地协调水、土、植、气之间的关系，为科学治水、合理用水和农业持续发展提供理论依据与实施技术。农业水文学的基本内容主要包括：一是降水、地表水、土壤水、地下水及它们的动态过程，如降水截留、土壤入渗、植被截留、坡地径流、农田蒸发、地下径流等；二是农业用水的水文条件、汇排水走向及其区域特征；三是旱涝与土壤水盐动态；四是农业用水管理的科学基础等。

农业水文学除了关注水分通量外，还关注土壤中的物质通量，如盐分、溶质及其他生原物质伴随土壤水分运动，以及与地表和地下水体之间的交换。流域地形导致的局地气候和土壤差异会影响坡面与流域的水分和养分的再分配过程。农业水文学在水文模型的基础上，增加了对碳循环及其相关的能量平衡、氮循环的描述。

2.1.4　全域系统控制论对农业农村清洁流域建设的指导作用

全域一体的系统控制论以流域科学为基础，流域科学定义为研究影响流域水循环的人类、社会经济、生态、地貌和水文系统之间相互作用的一门交叉学科。流域是地球陆地生态系统运行的基本空间生态单元，是生态系统的最佳自然分割。流域科学的总体目标是采取跨学科方法，寻找基于科学过程的解决方案，以认知、分配和改善水资源的运移与特性，从而满足人类社会和生态系统的多种需求，实现流域的可持续发展目标。在一定地貌格局控制下流域具有层次性和分维特征，传统意义上的农业环境研究多注重田块或单个养殖场，而管理又是从行政区域的角度进行，在大多数情况下行政边界与流域边界又具有不整合性。流域科学有以下几个特点：明确重视水循环的储存、通量和质量；通过纳入地球环境边界条件来确定适宜的当地水资源阈值；通过协调水文和行政边界来解决尺度不匹配问题；确定流域水资源管理的具体可行措施。

面源污染治理面临认识复杂系统、坡面（田块）–汇水区（种植、养殖）–子流域（覆盖种植、养殖、农村生活）–流域源–流–汇特征不清（图2.3）、养分和污染物的转换边界不明、农业生产与自然系统的协同演进等困难，这些困难的核心是方法论的困难。水文、生态、经济是流域科学集成研究的三大主要要素，本书提出解析养分与污染物迁移转化的核心规律，融合方法理论软集成与工程化标准化体系硬集成，综合自然系统特征与农业生产农村生活，并在实践上可操作的农业农村清洁流域构建方法。

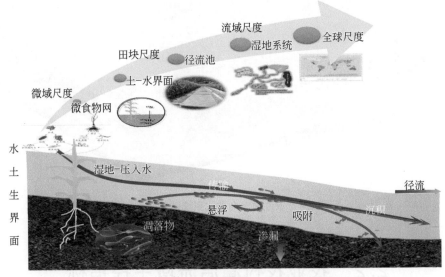

图2.3　多尺度多界面源–汇–流过程示意图

农业农村清洁流域构建是以流域尺度为单元的系统控制论（图2.4），由于流域是一个相对可控的单元，尺度适中，但农业生产实践和自然地理因素的复杂性与异质性更加凸显，因此，农业农村清洁流域的实践独具特色。农业农村清洁流域在认识论上，将流域"水-土-气-生-人"作为一个整体，将多尺度的异质性作为流域的内在组成部分；在方法论上，尝试建立流域整体关键元素迁移转化宏观规律基础上的可操作可实践的系统解决方案。针对面源污染防治和农业高质量协同发展的需求，从坡面-汇水区-子流域-流域多尺度示踪、辨析、监测和分析沉积物与养分的来源、通量和路径，强化流域水陆统筹，基于污染源解析多源数据及生态水文模型，解析并量化表征农业生产活动与生态系统变化之间的关联；从流域整体量化农业生产资源配置和水污染治理的级联效应，揭示以碳氮磷等关键元素赋存形态及迁移转化路径为主线的流域农业生产与减污降碳系统耦合机理，研发农业投入品减量化、生产清洁化、废弃物资源化、产业模式生态化的全产业链农业绿色生产技术，并吸引和组织上下游利益相关者多元主体协同创新，强化流域生态保护与农业高质量发展一体化治理策略。

图 2.4　农业面源全域式系统防控示意图

2.2　农业农村清洁流域主控指标

根据流域特征和农业农村污染现状，农业农村清洁流域主控指标主要包括氮磷流失率、有机废弃物资源化利用率、农村生活污水达标率/资源化利用率及出口断面水质达标的"三率一标"主控指标。

其中，氮磷流失率主要是指农田种植、动物养殖过程中氮磷的流失比例，有机废弃物资源化利用率是指农业农村环境中畜禽粪污、厕所粪污、秸秆等有机废弃物再利用的比例，农村生活污水达标率/资源化利用率是指农村生活污水经处理后达标或者是因地制宜地就地就近资源化的比例，出口断面水质达标是指流域出口断面的水质达到水体功能的相关要求。

2.3 农业农村清洁流域构建技术选择原则

2.3.1 总体原则

（1）符合总体目标原则。满足科学规划、合理定位和目标可行的要求。

（2）全过程控制原则。满足源头控制、过程减排和末端利用、综合施策的要求。

（3）综合整装原则。以畜禽养殖业污染防治为例，应整装源头饲料控制—粪污高效收集—废弃物资源化利用等全过程技术，突出养殖业面源污染防治技术的综合效益。

（4）成熟技术原则。满足技术就绪度 6 级以上。

（5）"因地施策"原则。结合不同流域的农业生产特点，实施"一域一策"。

2.3.2 种植业面源污染防控技术要求

（1）不影响产量原则。技术的筛选首先应遵循确保农作物尤其是粮食作物产量不受明显影响的原则。粮食安全是国家安全的重要基础，因此不对粮食产量产生重大负面影响是技术筛选的基础，一般减产影响应控制在 5% 以内。

（2）减排明显原则。技术应能明显减少农田养分流失（主要是氮、磷），氮磷流失削减 30% 以上，化肥用量减少 20% 以上或者化肥利用率提高 5% 以上。

（3）成熟技术原则。应为成熟并有利于推广的农业农村污染防治技术，并通过不同地区推广验证及参数修订，形成便于农民操作的整装技术。整装技术中单项技术就绪度应达到 7 级以上。

（4）因地制宜原则。例如，针对稻田面源污染防治，技术筛选应依据当地水稻生产情况选择适合当地的面源污染防控技术，大面积推广前应充分做好小区实验和大田试验，避免因技术选择不当引发水稻减产及其他问题。

2.3.3　畜禽养殖业污染防控技术要求

（1）饲料源头控制原则。应坚持饲料品质和配方的源头防控原则，最大限度减少重金属添加，保证废弃物资源化产品的安全性。

（2）污染减量原则。应采用先进的清粪工艺、处理技术与设施，严格控制冲洗用水量，减少粪污产生量。

（3）一体化防治原则。应坚持养殖粪污的收集、转化、利用一体化原则，实现粪污减量化、处理高效化和末端资源化的无缝衔接。

（4）因地制宜原则。污染控制技术应根据养殖规模、粪污收集方式、地域气候进行选择。

（5）资源化利用原则。粪污处理产生的有机废弃物应结合当地市场需求进行资源化利用，提高养殖及衍生产业链的经济效益。

2.3.4　农村生活污染防控技术要求

（1）技术有效原则。技术运行应稳定可靠，适应农村生活污水和垃圾的特征，污染物去除效果明显。处理后污水能够达到排放标准或水环境功能要求；生活垃圾能够达到无害化、资源化与减量化要求。

（2）经济可行原则。设施建设的投资和运行费用合理，包括设备购置和工程建设在内的投资成本较低，系统运行过程投入的能源和材料消耗少，基本符合农村经济建设和消费水平。

（3）管理简便原则。处理系统的运行操作简单，维护方法简明易懂，不需要具备专业技能的人员和烦琐的维护管理。

（4）因地制宜原则。农村生活污水和垃圾处理不搞一刀切，鼓励各地综合考虑处理目标、经济承受能力、运行维护投入等方面的因素，选择多种实用技术。

2.4　农业农村清洁流域建设推进机制

2.4.1　构建污染溯源和面源污染监控体系

面源污染伴随水文过程而产生，是水文、地理、气象和人为活动等多因素综合作用的结果，具有随机性强、污染物来源和排放点不固定、污染负荷时间空间变化幅度大等特点。因此，建立小流域面源污染动态监控体系，持续监控农业农村面源特征污染物，掌握面源污染时空演变规律，提高面源污染物、污染负荷监测时效性和准确性，发挥大数据在指导污染防治和推动农业绿色发展中的作用是构建农业农村清洁流域的关键。

2.4.2　建立农业农村污染防控技术体系

由于具有分散性、隐蔽性、随机性、潜伏性、累积性和模糊性等特点，面源污染的防控难度较大，单一技术很难有效解决全局问题，因地制宜地选择相应技术措施并进行集成应用是有效解决面源污染问题的关键。围绕农业农村清洁流域面源污染特点，面源污染控制须从单一技术向多种技术耦合方向发展，即实现从源头削减控制到过程阻截减排到末端循环利用的全过程综合治理，建立一套综合性面源污染防控技术体系，并进行推广应用。

2.4.3　创新小流域面源污染防控长效机制

针对我国现有农业农村污染环境政策缺陷、管理交叉等问题，应规范农业农村污染防治立法；推广农业绿色技术、建立绿色农产品生产补贴与奖励机制；保障农业农村污染防治资金投入，探索资金多元投入途径；通过土地使用权转让和土地股份合作制，集中土地使用权，完善农业农村污染防治的社会参与机制；构建"县-乡-村-农户-第三方运维服务机构"五位一体长效管护模式，明晰责任，促进农业农村清洁流域污染控制技术工程化、工程运行长效化机制的实现。

| 第 3 章 | 农业农村清洁小流域构建的方法与设计

我国未来的农业农村污染控制应该以农业农村清洁流域理论为基础，构建方法上应以流域目标污染负荷为基础、环境友好型农业发展模式为核心，通过污染溯源和监测分析，明确小流域农业污染源应该重点控制的源和时空节点，构建因地制宜的种植污染控制技术、养殖污染控制技术、农村生活污水处理技术、农业农村政策管理技术及区域流域统筹的系统方案并落地实施。具体来说，在流域污染源分析方面，先通过污染物产排污分析及污染源识别与解析，确定流域农业源的重点控制源、控制点、控制时段等，为控制技术构建提供指导；在种植业面源污染控制方面，应以提高肥料（氮磷养分）利用效率为主线，进一步研发能够提高氮磷利用效率的新型肥料、污染修复环境材料等；在养殖业污染控制方面，进一步开展饲养、治污、统一管理的标准化、生态化养殖方式，建立针对分散养殖的收转运、就地就近资源化等因地制宜的粪污处理模式，提高农业废弃物统筹处理的水平和资源化利用的水平；在农村生活污水处理方面，生物生态组合处理技术的深度研发及灌溉农用水和污水杂用中重金属等污染物的深度去除与高效低耗的治理技术的研发仍是需要进一步深入的方向；最后，要深入探索面源污染防控的责任框架体系，以及有利于面源污染防控的政策保障机制，使农业农村污染防控进入新的阶段，全面打赢农业农村污染治理的攻坚战。

3.1 初步探明农业农村污染物产排污规律

（1）基于长期定位监测，精确解析了种植业产排污规律，确定了太湖等重点流域的产排污系数。

太湖流域是我国经济高度发达的地区，也是农业高度集约化的地区。种植业主要以稻麦轮作系统为主，兼有稻-油（菜）、稻-菜等轮作系统。经济作物主要有露地蔬菜、设施蔬菜、果园和茶园等。各个轮作系统周年的肥料投入量均较大，损失量也较大，已经成为农业农村污染的重要来源。要了解不同轮作系统的氮磷投入、损失及平衡状况，需通过长期的定位监测，分析氮磷养分进入土壤后的迁移转化过程、损失过程，以及作物吸收、土壤留存等过程，最终估算整个系统的氮磷排放量（排放系数），再通过对氮磷等的运移过程、降解过程的研究，获得损失氮磷的入河系数，依此计算农田系统的氮磷污染负荷。

太湖流域稻麦农田化肥氮年投入量约为 520kg/hm²，通过干湿沉降和灌溉带入的氮约为 28kg/hm² 和 12kg/hm²。宜兴稻麦轮作农田多年连续原位实测数据显示，稻麦农田氮处于高输入高输出的状态，很少有氮盈余储存在土壤里。植物吸收是农田氮的主要输出途径，约占系统总输入氮的 53%；氮的径流损失为 36.9 ~ 70.5kg/hm²，占施肥量的 9% ~ 18%（平均 11.5%），其中稻季以铵态氮为主，麦季以硝态氮为主。农田径流损失主要受降雨事件驱动，稻季插秧前的整地排水和麦季的开沟排涝也是养分流失的原因之一。正常降雨年份稻季氮径流损失高于麦季。水稻移栽至分蘖期，小麦播种至返青拔节期是径流损失高风险期，此期间遭遇降雨，径流样中氮浓度最高可达 40 ~ 60mg/L。渗漏是氮损失的另外一个重要途径，约占施肥量的 3%，以硝态氮为主。此外，氮还有相当一部分通过气态（N_2、N_2O、NH_3）损失到环境中，其中氨挥发是主要损失途径，稻季可占施肥量的 20% ~ 32%，麦季可占施肥量的 5.5% ~ 25.4%。分析发现，无论水田还是旱地，氮肥用量及降雨量均与氮径流和渗漏损失量呈极显著正相关；减少常规化肥氮的投入量、采用新型缓/控释肥及肥料深施等技术均可显著降低氮流失量。

农田面源污染中氮排放相对比较严重，对水环境影响较大，而磷相对较轻，对水环境影响较小。太湖流域稻麦农田化肥磷的年投入量约为 150kg/hm²，每年通过干湿沉降和灌溉带入的磷约为 2.2kg/hm²。作物吸收带走的磷约占总施磷量的 30%，通过径流和渗漏流失的磷约占施磷量的 2.1% 和 0.7%，其余的磷则储存在土壤里。氮磷离开农田后，经沟渠先排入周边的湿地塘、小河支浜等小微水体，最后汇入河湖。氮磷在迁移过程中可通过物理沉淀、植物吸收、反硝化脱氮等途径而被去除。其中，水泥沟渠和传统土沟对排水中氮的拦截率为 8% ~ 23%，塘浜和小河等小微水体对氮的消纳系数为 33% 和 43%。最终农田排放的氮有一半左右在迁移过程中被消纳净化掉，太湖流域农田氮的入河系数约为化肥氮投入量的 5.8%。

（2）系统精准研究了太湖流域养殖业污染产排污规律，明确了典型流域养殖业污染流失的入河贡献。

对太湖流域 47 个养猪场开展了为期 3 年的实地监测研究，经过系统翔实的研究和分析，编制形成了《太湖流域畜禽养殖业产排污规律研究报告》，测算了不同养殖模式、粪污收集方式下，粪污的收集量、处理水平及排放情况，计算了流域内养殖场产排污系数和入河贡献率，系统分析了不同养殖方式与资源化利用途径中氮元素的流失规律：一是太湖流域生猪平均"产污系数"（单位时间内单个畜禽产生的原始污染物量），COD、TN 和 TP 分别为 308.7g/（头·d）、24.1g/

(头·d) 和 9.4g/(头·d)，根据 2018 年的太湖流域养殖总量（1030.1 万头猪当量），计算出流域内 COD、TN 和 TP 的年产生总量分别为 47.95 万 t、3.72 万 t 和 1.43 万 t。随着猪瘟病的发生，2018 年 3 月开始全国能繁母猪数量急剧下降，太湖流域 2020 年同比 2018 年生猪出栏量下降 35% 左右，生猪养殖的污染也随之下降。二是太湖流域生猪平均"排污系数"（单个畜禽产生的原始污染物排放到环境中的污染物量），COD、TN 和 TP 分别为 19.59g/(头·d)、2.95g/(头·d) 和 0.43g/(头·d)。我们用"排污系数/产污系数"可得出养殖产出 COD、TN 和 TP 分别有 6.3%、12.2% 和 4.6% 的量排出到养殖场外。相对于第一次全国污染源普查，COD 和 TN 的排污系数分别下降了 43.9% 和 58.9%，但 TP 排污系数仅下降 8.5%。说明太湖流域对于养殖污水的治理具有显著的成效，但磷排放依然需要高度关注。三是通过实地监测获得生猪污染"入河贡献率"（养殖场污染物实际入河量/养殖场污染物总排放量）。由于"入河贡献率"受自然地理等多种环境因素影响，养殖排污实际入河量难以精确量化和模拟，国内外对污染物入河普遍采用"污染物入河水质模型"进行评价，入河贡献率大多在 0.4 ～ 0.9，但该方法只适用于评价所有污染物，很难分配到污染物种类上。本研究通过长期实测得出各类污染物的"入河贡献率"，即 COD、TN、TP 和氨氮分别约为 0.2、0.9、0.65 和 0.7，不同污染物的贡献率差别较大，TN 的贡献率最大，COD 的贡献率最低，为今后开展更为精确的污染物"入河贡献率"分类研究提供了借鉴和参考。四是首次分析不同养殖方式与资源化利用途径中氮元素的流失规律，对比了发酵床养殖、集中收集处理、处理回用、工业化处理和就地利用这 5 种养殖污染防控模式中氮元素的流通状况。结果表明：从脱氮工艺角度，集中收集处理和工业化处理对粪污中氮的削减均超过 50%，就地利用对氮的削减只有 15%；从氮资源化利用角度，发酵床养殖的利用率达到 59%，就地利用也超过了 50%，而工业化处理不足 15%；从整体污染防控角度，发酵床养殖、集中收集处理、处理回用、工业化处理和就地利用这 5 种模式均监测出未能处理或利用的氮排放进入环境，氮排放率分别为 6.5%、8.1%、12.8%、17.7% 和 18.4%，这说明目前养殖场在粪污管理和污染防控方面还存在问题，主要是发酵床养殖依然有污水外排、粪污收集存在抛洒滴漏、粪污储存设计不合理、工业化处理不达标、粪污还田不科学等因素。

（3）驻扎典型农户，准确把握了农村生活污水产排污规律，明晰了太湖等重点流域的农村生活源产排污系数。

通过资料收集和实地调研，了解了太湖流域常州、杭州、嘉兴、湖州等地和巢湖流域合肥 20 余个典型农村生活污水产排污规律。

以太湖流域为例，太湖流域居民人均用水定额为 93.58L/(人·d)，污水产生系数 88.9L/（人·d），其中，厨余污水 22.82L/（人·d），其他杂用水 38.77L/（人·d），冲厕用水 27.31L/（人·d），3 类水分别占比 25.67%、43.61%、30.72%，经济条件优越和井水不计价导致排放量较第二次全国污染源普查结果值偏高。农村生活污水产污系数 COD、NH_4^+-N、TN、TP 分别为 92.32g/（人·d）、2.28g/（人·d）、3.51g/（人·d）、0.77g/（人·d）。污水经过管网停留降解及雨水混入及截流影响，污染物浓度出现一定程度的削减，以管网末端计，参考管网末端污水 COD、NH_4^+-N、TN、TP（顺序下同）浓度均值为 439mg/L、3mg/L、9mg/L、2mg/L，村落生活污水管网末端排污系数为 39.03g/（人·d）、0.27g/（人·d）、0.80g/（人·d）、0.18g/（人·d）。以产污系数为背景，在管网中综合削减率分别为 58%、92%、81%、77%（村落排水合流制，污水水质受雨水影响大，削减率代表性不强）。调研村落生活污水收集管网末端建有处理设施，按照污水处理设施设计排放要求［低于《城镇污水处理厂污染物排放标准》（GB 18918—2002）一级 A 标准限值］，以污水处理设施处理末端出水计，村落生活污水排污系数 COD、NH_4^+-N、TN、TP 分别为 2.44g/（人·d）、0.44g/（人·d）、1.33g/（人·d）、0.04g/（人·d）。确保达标排放，以产污系数为背景，排污系数削减率分别为 95%、87%、69%、95%。

分析可知，经济水平较高地区，生活水平较高，生活污水产污系数较高；不同流域尽管村落生活污水产生系数相对值较高，污染物排放系数差异较大。

3.2 农业农村清洁流域污染源解析方法及效果

（1）创建了反硝化细菌测试水体硝酸盐氮氧稳定同位素的溯源方法，并提高了该方法的准确性、简便性和实用性，解析了山东省种植业地区地下水硝酸盐污染来源。

该方法选用缺乏 N_2O 还原酶活性的反硝化细菌——致金色假单胞菌（*Pseudomonas aureofaciens*），创造性设计了恰当的液–气体积比、磺胺显色液检测、反硝化孵育时间等操作步骤，将 NO_3^- 转化为 N_2O 气体；再以 N_2O 作为质谱分析气体，分析其中的 ^{15}N 和 ^{18}O，通过设定反硝化和痕量气体分析仪 TraceGas 捕集 N_2O 时间，优化反硝化细菌的培养、吹扫和测定条件，建立了反硝化细菌法结合痕量气体分析仪 TraceGas/同位素比质谱仪分析水体硝酸盐氮氧同位素组成的方法。该方法的精密度、准确性、稳定性较好，国际标准样品 USGS34 在同一制备时间的 5 个平行样品之间 NO_3^--$\delta^{15}N$ 的标准偏差（SD）为 0.02‰~0.09‰，NO_3^--$\delta^{18}O$ 的 SD 为 0.13‰~0.39‰，均低于 USGS34 给定的 $\delta^{15}N$ 和 $\delta^{18}O$ 的标准偏差，并且 3 个月之内测定的 $\delta^{15}N$ 和 $\delta^{18}O$ 值也非常接近。另外，该方法仅需较少的样品量即可满足测定需求（最低 $0.1\mu g$ NO_3^--N 样品），提高了样品检出率，降低了野外采样的工作量，省去了复杂的样品前处理，缩短了分析时间，降低了分析成本，并且所需样品量少，已成为国内外先进的硝酸盐氮氧同位素测试方法。该方法同样适用于土壤中硝酸盐氮氧同位素分析，对于土壤氮循环研究具有重要的应用价值。

采用稳定同位素溯源技术，明确了 2009 年及 2019 年山东省种植业地区地下水硝酸盐污染主要来源为粪肥和化肥，并辨析了不同地区硝酸盐来源的差异。根据 2009 年的地下水样本硝酸盐氮氧同位素数据分析结果，山东省 35.45% 的地下水样本的硝酸盐来自粪肥污染，27.1% 来自化肥污染，37.45% 来自化肥、粪肥和生活污水的混合污染。不同地区有不同污染特征，莱芜地区有 66.67% 的样本硝酸盐污染来自粪肥、化肥和生活污水的混合污染，其余的 33.33% 样本的硝酸盐来自化肥污染；淄博地区的地下水样本硝酸盐污染有 22.22% 来自粪肥污染，有 22.22% 来自化肥污染，还有 55.56% 来自化肥、粪肥和生活污水的混合污染；烟台地区的地下水样本硝酸盐污染有 55.56% 来自粪肥污染，有 5.56% 来自化肥污染，有 38.88% 来自粪肥、化肥和生活污水的混合污染；潍坊地区的地下水样本硝酸盐污染有 16.13% 来自粪肥污染，有 48.39% 来自化肥污染，还有 35.48% 来自粪肥、化肥和生活污水的混合污染。

与 2009 年相比，2019 年山东种植业地区地下水硝酸盐污染总体有所减轻，水质得到改善。其中，青岛地区地下水硝酸盐平均含量由 2009 年的 38.49mg/L 降低为 2019 年的 22.37mg/L，降低了 41.88%；潍坊地区地下水中硝酸盐平均含量由 2009 年的 27.94mg/L 降低为 2019 年的 16.68mg/L，降低了 40.3%；菏泽地区地下水水质整体较好，硝酸盐平均含量维持在 4mg/L 的较低水平，没有显著变化。采用氮氧同位素值结合贝叶斯混合模型分别估算了青岛、潍坊及菏泽种植业地区地下水硝酸盐源的比例贡献：①青岛地区粪肥和污水的贡献最大为 38.58%，其他为土壤氮（32.79%）>化肥（19.38%）>大气氮沉降（9.25%）。②潍坊地区不同污染源贡献率为粪肥和污水（65.09%）>土壤氮（17.97%）>大气氮沉降（9.32%）>化肥（7.63%），粪肥和污水的贡献率最高。不同土地利用类型下的污染源比例贡献排名如下：粪肥和污水>土壤氮>化肥>大气氮沉降［农村地区：粪肥和污水（52.99%）>土壤氮（28.16%）>化肥（11.04%）>大气氮沉降（7.80%）；种植业蔬菜大棚区，粪肥和污水（31.02%）>土壤氮（28.64%）>化肥（23.19%）>大气氮沉降（17.15%）；大田作物区，粪肥和污水（44.63%）>土壤氮（28.78%）>化肥（15.99%）>大气氮沉降（10.60%）］。③菏泽地区 SIAR 模型结果显示，地下水硝酸盐主要来源于粪肥和污水，贡献率分别为粪肥和污水（42.19%）>土壤氮（31.19%）>化肥（16.97%）>大气氮沉降（9.65%）。在农村地区，粪肥和污水（36.21%）>土壤氮（32.76%）>化肥（20.57%）>大气氮沉降（10.45%）。在种植业地区，粪肥和污水（38.58%）>土壤氮（32.73%）>化肥（21.01%）>大气氮沉降（7.68%）。综上，3个地区的硝酸盐污染受到粪肥和污水的影响最大。青岛地区地下水硝酸盐受到化肥、土壤氮、粪肥和污水及它们的混合污染。潍坊地区受到化肥、土壤氮、粪肥和污水来源混合污染。菏泽地区硝酸盐主要来自土壤氮、粪肥和污水，这两种污染源都对菏泽的硝酸盐污染产生作用。

（2）建立了一种基于拟杆菌群体特异性16S rRNA基因进行溯源的PCR-DGGE方法，有效溯源得出村镇塘坝饮用水中的污染主要来自畜禽和水产养殖。

污染溯源是非点源污染控制和流域清洁的基础。微生物溯源（microbial source tracking，MST）是一种通过判断污染样品与可能的污染源中指示微生物之间的亲缘关系来确定污染来源的技术。目前，微生物溯源技术在我国的研究和应用很有限，在我国水体污染中的应用报道相对较少，尤其在广大农村地区。美国、澳大利亚和欧盟等部分发达国家和地区已经开展了大量的相关研究工作，但不同区域粪便污染指示微生物和微生物溯源方法的选择差异较大。

大肠菌群、粪大肠菌群、大肠杆菌、粪肠球菌、产气荚膜梭菌等常作为粪便污染（养殖和生活污水）的指示微生物。一个理想的指示微生物应该无致病性、易于检测、易收集计数，最重要的是还应具有宿主特异性。大肠菌群和粪大肠菌群包含的微生物种类繁多，难以全面有效地测定，其中的一些微生物（如克雷伯氏菌）在环境中是自然存在的，与宿主来源菌很难区分。大肠杆菌和粪肠球菌被认为是自然存在于人和温血动物肠道内的微生物。2002年10月，欧盟成员国会议决定采用大肠杆菌和粪肠球菌取代大肠菌群和粪大肠菌群作为水质监测的指标。2006年，美国俄亥俄州环保局新规定，如果近海海水中大肠杆菌超过235CFU/100mL，海滩就要关闭。大肠杆菌和粪肠球菌成为粪便污染微生物溯源中应用最广泛的指示微生物。

大肠杆菌和粪肠球菌用于污染溯源首先需要建库。培养建库微生物溯源方法结果具有直观、可靠、稳定等优点，但均需要分离大量的指示微生物菌株建立庞大的数据库，耗费较大。只有建立完整的数据库，才能在数据库中发现与污染样品中分离到的指示微生物存在相同基因型的菌株，确定污染主要来源，而且难以定量。在实际的溯源过程中往往由于目标过于笼统、工作量大和建立的数据库有限等原因无法找到污染源与污染样品之间相同的基因型菌株，在一定程度上限制了分型方法在微生物溯源中的应用。

非培养微生物溯源是指不进行分离培养，直接通过比较污染样品和可能的污染源中指示微生物特异性生物标记的有无或群体性差异来判断污染源与污染样品之间的关系，利用特异性基因片段之间的差异来表征指示微生物基因组之间的差异，不需要建立庞大的数据库，具有快速、方便、耗费少等优点。但是，特异性基因只是指示微生物基因组的一部分，它的变异能否准确反映基因组的差异与所选取的特异基因具有很大关系。在非培养溯源中应用最多的生物标记是大肠杆菌的特异性基因（*uidA*、*mdh*、*phoE* 等）和拟杆菌目特异性基因。拟杆菌（Bacteriodales）又称为类杆菌，一类无芽孢、专性厌氧、革兰氏阴性的细菌，通常单个存在或两端相连，在动物和人的生殖道、肠道、上呼吸道与口腔等都可以正常寄居。作为肠道厌氧微生物中主要的代表，拟杆菌比大肠杆菌在肠道内的数量多 100 ~ 1000 倍，它是影响动物代谢的一种重要微生物。拟杆菌在有氧环境中存活的状态也存在不同的变化，大部分拟杆菌在有氧环境中只能存活几个小时，脆弱拟杆菌在低氧环境中可以存活。但是在水体中存在数天甚至数周，拟杆菌的 DNA 仍然可以被检测到。这就为粪便的污染提供了一种快速的检测方法。针对肠道厌氧菌拟杆菌等的检测也是粪便污染溯源方法的标志性改变。

传统的溯源方法操作复杂，耗时长。本书建立了一种基于拟杆菌群体特异性 16S rRNA 基因进行溯源的 PCR-DGGE 方法，以期达到快速、准确进行污染溯源的目的。同时与已报道的另外一种新的快速溯源方法——利用大肠杆菌特异性基因的 PCR-DGGE 技术进行了比较研究。通过 3 次采集示范点水样进行微生物指标的测定，发现存在大肠菌群严重超标的现象，而大肠杆菌是粪便污染的指示菌，这种现象说明示范点饮用水受到粪便的污染。进行多次重复实验后最终确定了利用拟杆菌进行 DGGE 分析过程中的实验条件，采用聚丙烯酰胺凝胶，浓度为 8%，变性梯度为 35%~65%，在 60V 电压条件下，电泳 12h。通过分析研究建立了利用拟杆菌进行粪便污染溯源的方法，水样中的微生物通过滤膜收集，液氮研磨滤膜后采用 CTAB 的方法提取水样总 DNA，采用拟杆菌特异性引物 Bac32F/Bac708R 将拟杆菌的 DNA 从水体中分离出来，随后采用巢式 PCR 利用 16S rRNA 上的 V3 区将样品中的群体差异性表现出来进行不同样品之间相似性的区分。该方法针对采集的两批示范点水样进行了方法的验证，结果与实际情况相符。本研究建立的利用拟杆菌特异性引物进行 PCR-DGGE 溯源的方法首次通过拟杆菌群体差异分析进行微生物溯源，有效地确定了水体中的污染来源，结果可靠。利用另一种较为快速的溯源方法——大肠杆菌特异性基因的 PCR-DGGE 方法对采集的水样进行方法的比较，结果证明本研究建立的方法在实际过程中其结果稳定、具有很强的应用价值。拟杆菌是粪便污染的指示微生物之一，水体中检测到拟杆菌的存在说明饮用水受到粪便的污染，微生物溯源的研究结果表明饮用水与周围池塘的样品之间表现出极大的相似性，说明周围池塘水造成了饮用水的污染。井水作为华南地区典型农村饮用水来源之一，这类饮用水可能正遭受着池塘水的污染，需要及时采取有效的管理和补救措施。

结果表明，本研究建立的快速溯源方法分析结果可靠，在污染溯源过程中具有应用价值；证明了养殖污染是塘坝饮用水主要的污染来源。

3.3　农业农村清洁流域构建技术路线图

清洁小流域方案需要明确流域污染控制总体目标，即通过流域污染控制技术的集成示范，削减入河污染负荷，使流域水质达到地方功能水体目标，实现流域范围内清洁生产。

首先，通过流域汇水区大小确定流域控制面积，调查流域的社会经济概况，涉及调查流域面积、常住人口、耕地面积、工业企业数量及规模化畜禽养殖情况等方面。

其次，进行流域污染源解析。确定流域污染来源、分布及污染强度，分析其对整个流域水质的影响情况，从而确定重点控制源、点或单元、区域。

最后，集成污染控制和修复技术，进行分别验证和分析，最终提出以物质或养分循环为体系的系统农业农村污染控制方案。同时考虑工业、城镇生活等其他污染，最终能做到流域清洁生产。

清洁小流域污染总体控制思路如图 3.1 所示。

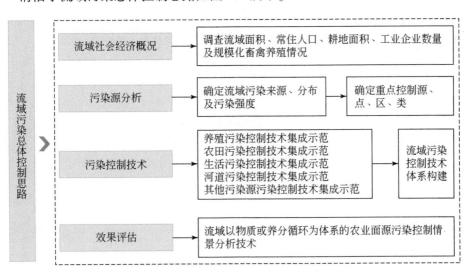

图 3.1　清洁小流域污染总体控制思路图

在流域面源污染治理中，通过污染源的确定，集成治理技术进行工程示范，最后进行效果评估和技术推广，小流域面源污染防控技术路线图见图3.2。

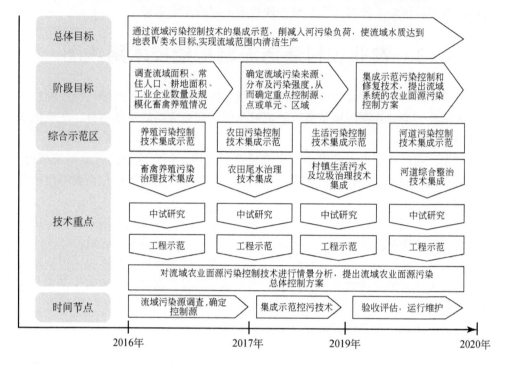

图 3.2　清洁小流域农业农村污染控制总体技术路线图

中　篇
农业农村清洁流域技术

农业农村清洁流域技术突破了单项向系统、技术向装备、单点向流域转变的关键瓶颈，攻克了"种–养–生"污染物收集、生物高值转化和循环利用的核心技术，构建了"种–养–生"污染一体化控制与资源化利用的成套技术，实现了"技术环节"突破—"技术链条"集成—"循环技术体系"的完善升级，推动了我国农业农村污染控制技术的发展和有效治理。以研究突破的农业农村清洁流域技术为基础，在评价筛选、优化组合的基础上，结合流域水体目标管理要求，开展综合集成，构建"种植、养殖、农村生活"各类主要污染源空间全覆盖、"源头控制、过程减排、末端利用"关键节点全过程综合统筹、流域尺度时空一体化、农业农村污染整装控制的农业农村清洁流域技术模式。其中，"源头减量—过程阻断—养分循环利用—生态修复"（简称"4R"）技术，实现了农田氮磷的循环利用；突破的养殖污染异位发酵床控制技术，实现了养殖污水的零排放和养殖粪污的高效资源化；研创的高效易维护农村生活污水生物生态组合处理技术，实现了尾水就地就近资源化。

| 第4章 | 污染源头控制技术

来自农田种植、畜禽养殖和农村生活等方面的污染成分复杂、来源分散，污染排放存在着不确定性和随机性、时空变异性较大等特点，造成污染的过程监控和过程拦截难以实施。而且农业农村污染物浓度较低，汇入水体之后的末端治理成本高、见效慢。因此，从源头上控制，对生产过程中所使用的化肥、农药、饲料等投入品的源头减量是实现农业农村清洁流域的最有效技术措施。

源头减量包括精准施肥、科学用药、绿色防控、农田节水等清洁生产技术与相应装备研究，改进种植和养殖技术模式，基于土地消纳粪污能力合理确定养殖规模，开展农村生活污水高效收集技术和装备研究等。其中，种植业污染源头控制技术包括稻田、果园、菜园等不同种植模式中的投入品减量化和优化施肥模式等技术重点，畜禽养殖业污染源头控制技术包括生态绿色养殖技术、节水养殖及饲料配方优化技术等，农村生活污水源头控制技术包括村落污水有效收集等技术重点。应统筹种植业、养殖业和农村生活污染控制，从源头减少污染产生。此外，源头减量技术的应用要兼顾作物产量和经济效益，并结合区域环境特征因地制宜，相关技术的研发要顺应时代要求，以节本省工为目标，逐步向智能化、机械化迈进。

4.1 种植业污染源头控制技术

4.1.1 水稻侧条施肥技术

1. 基本原理

水稻侧条施肥技术是一种环境友好型的清洁生产技术。该技术将肥料一次集中施于水稻种子或秧苗一侧 5～10cm，深 5cm 左右。将肥料呈条状集中而不分散，形成一个储肥库，逐渐释放养分，供给作物全生育期需求。基于缓/控释肥料的作物侧条施肥技术实现了农机和农艺措施的融合，保证了一次性施肥保障作物整个生育期的养分持续均衡供给，为作物优质高产奠定养分基础。

2. 工艺流程和参数

a. 使用方法。水稻侧条施肥技术是指在播种或者插秧的同时，在苗旁 5 ~ 10cm、深 3 ~ 8cm 的位置将缓/控释肥料施在种子或秧苗一侧。

b. 作物侧条施肥机械类型。

插秧水稻：该技术必须结合机械完成。使用乘坐式水稻施肥插秧同步机械。结合育秧盘的不同分为水稻钵体式侧条施肥机械与毯状式侧条施肥机械。两种机械都可以实现水稻苗肥一体化作业，每天作业 30 ~ 60 亩①。

旱播水稻：使用宁夏农林科学院研制的水稻旱穴播、水稻旱直播侧条施肥一体机，可以实现水稻种肥同播，减少多次施肥对土壤和水质造成的污染，并降低肥料用量和人工的用工强度，每天作业 150 ~ 180 亩。

c. 作物品种及育秧插秧。选种、育秧都与农户常规种植一样，水稻种植株行距也与当地常规一致。

d. 肥料种类。必须使用控释肥料或者缓释肥料。

e. 施肥方法和肥料用量。施肥量用氮素含量确定，随作物播种或者插秧一次性施用缓/控释肥料，不须施用底肥与追肥，比农民常规施用肥料减少 20% ~ 40%。

f. 田间管理。本田管理与当地生产田管护相同。

3. 技术创新性

该技术的创新性主要体现在农机和农艺技术的深度融合，实现了一次性施肥，减少了农民劳动和肥料的投入，促进了我国稻田施肥技术的变革。

4. 技术示范推广效果

经过技术的引进、消化和再创新，侧条施肥技术累计在宁夏引黄灌区推广示范了 2 万余亩，示范地点主要分布在吴忠、银川，遍布整个引黄灌区。示范区水稻全生育期纯 N 施用量减少 90 ~ 120kg/hm²，氮肥利用率提高 15 ~ 25 个百分点，养分损失减少 30%，侧条施肥技术比普通机插秧亩增产 5% ~ 8%，亩节本增效 200 ~ 220 元。水稻平均肥料投入降低30% ~ 40%，降低了养分随退水进入黄河的风险，对我国黄河灌区农业环境改善具有很好的效益。

技术来源单位：中国农业科学院农业环境与可持续发展研究所。

---

① 1 亩 ≈ 666.67m²。

4.1.2　水稻控释肥育秧箱全量施肥技术

1. 技术原理

水稻控释肥育秧箱全量施肥技术是利用控释氮肥缓慢释放养分的特点，一次性全量施足基肥，使水稻根际形成一个良好的供肥库，通过根际逐渐吸收，达到高效利用、减少氮流失及氨挥发等损失，同时减少施肥用工，从而实现肥料减量、节本、增效的目的。

2. 技术工艺与参数

稻谷种子选种、浸种采取常规技术处理后，将稻谷种子播于事先准备好的育秧盘中，每钵播种 1~2 粒；分层撒入土壤与缓释肥料，按照种子用量 30kg/hm²、缓释氮肥用量 90kg N/hm² 进行计算；给育秧盘均匀洒水，使含水量达到饱和持水量的 80% 左右，将育秧盘放入温室中进行催芽育秧，早期温度控制在 28~32℃，2 叶 1 心时，温度控制在 22~25℃；当秧苗叶片达到 4~5 片时，可部分揭膜降温至 15℃左右，炼苗一周，备用；插秧时把秧盘放进侧条施肥机进行插秧，肥料附着在水稻根系上带进水田。

3. 技术示范推广效果

在宁夏灵武示范基地，2010 年和 2011 年两年示范结果表明，与农民常规施肥处理比较，采用育秧箱全量施肥技术，氮肥用量 N 90kg/hm²，在氮素投入降低 70% 的基础上，氮肥利用率平均为 53.9%，比对照处理提高了 20.7%，TN 流失量比常规处理减少了 15.22kg/hm²，相应的退水污染负荷降低了 47.3%。

技术来源单位：中国农业科学院农业环境与可持续发展研究所。

4.1.3　氮肥后移施用技术

宁夏引黄灌区作物单季施氮量达 300kg/hm² 以上，既污染水质，又浪费资源。

1. 技术原理

在分析农民前重后轻习惯施氮方式造成肥料利用率低和流失污染特征的基础上，以水稻各生育阶段的不同氮素吸收量为依据，结合考量土壤供氮和灌区气候特点，形成优化施氮方案，提高养分利用率，降低流失损失。

2. 主要工艺与参数

在宁夏灌区，稻田氮肥后移可保证土壤氮素持续有效供应，提高籽粒产量及氮肥利用率。采用从日本引进的侧条施肥插秧机，进行两年侧条施肥试验，改变"50%基肥+50%追肥"氮肥模式为水稻三次施肥，各1/3，平均分配，后两次分别在分蘖期和孕穗期做追肥施入。

3. 技术示范推广效果

与农民常规施肥技术比较，在基本稳产的条件下，氮素施肥量减少60kg/hm²，氮施用量平均降幅在22.7%，磷平均降幅在27.6%。3年示范结果表明，化肥施用量降低20%以上，农田退水中总氮消减30.38%、氨氮消减40.86%、总磷消减48.42%，同时，亩节本增效55元，取得较好的示范效果。

技术来源单位：中国农业科学院农业环境与可持续发展研究所。

4.1.4 农业主产区大田作物氮磷减量控制栽培技术

对巢湖流域粮食主产区的大田状况进行实地考察和资料分析，暴露出的主要问题包括：肥料施用量过高，农药使用量较大，农艺技术单一，加之此地区降雨量集中且以大到暴雨为主，导致大量肥料氮、磷流失。针对以上问题开展了大田作物减氮控磷实验的可行性研究。在调查农田肥料及农药施用量和组成的基础上，研究集成了农田的氮磷减排技术。

该项技术工艺主要包括通过优化施肥与缓释肥提高肥料利用率、减少氮磷肥流失，通过氮磷素减量技术减少氮磷用量、源头控制氮磷施用量，利用节水控污技术减少氮磷流失等多个流程。该技术工艺已经累计开展了示范面积达7750余亩。示范基地的工程化研究结果表明，应用该技术工艺在保证作物不减产的同时，肥料可以实现减量化，肥料利用率显著提高，农田径流入河氮、磷等负荷排放量显著减少，河流水质明显得到改善。当前此项技术已在全国多个地区开展推广示范。

技术来源单位：中国农业科学院农业环境与可持续发展研究所。

4.1.5 水蜜桃园面源污染综合控制技术

结合无锡市水蜜桃园的污染状况，建立"桃园节水灌溉—专用缓/控释肥深施技术—桃园种植三叶草等豆科绿肥—生态沟渠拦截—生态水塘—河道"的工艺路线，集成了桃园缓/控释肥深施技术和桃园生草截流控害技术。水蜜桃专用缓/控释掺混肥为树脂包膜掺混肥料，不同于传统肥料，具有养分缓慢释放的特性，养分释放规律与水蜜桃需肥基本吻合，能够减少施肥次数，另外，增加肥料埋深，能够提高肥料利用率，减少养分径流及挥发损失，增加经济效益。三叶草为豆科植物，具有固氮功能，三叶草还田可带入土壤高效有机氮源，并提高土壤原有氮素的矿化，增加土壤氮素有效性，从而减少化肥投入；三叶草覆盖，还可减少降雨时地表径流的产生，降低桃园氮磷径流输出；与此同时，桃园内种植三叶草，增加了生物多样性，为天敌和中性昆虫等非靶标昆虫提供了避难所与栖息场所，增强了桃园天敌丰富度和多样性，从而降低了桃园病虫害，减少了化学农药用量。

该技术由自主研发集成而来，已申请相关技术专利，并且在核心示范区无锡市胡埭镇龙延村及阳山镇进行了技术示范，结果表明，减少化肥投入 TN 285kg/hm^2（化肥 N 180kg/hm^2，有机 N 105kg/hm^2），减少径流 TN 21kg/hm^2，TP 0.8kg/hm^2 左右，提高产量 10% 以上，直接经济效益 1.20 万元/hm^2。

技术来源单位：中国科学院南京土壤研究所。

4.1.6 基于硝化抑制剂–水肥一体化耦合的蔬菜氮磷投入减量关键技术

1. 基本原理

将通过落差进行水、肥、药一体化的滴灌技术与硝化抑制剂耦合，施用内含硝化抑制剂氯甲基吡啶（nitrapyrin）的尿素（简称 CP 尿素），对分解铵态氮的单细胞硝化杆菌具有抑制作用。土壤中硝态氮不易被土壤吸附，易通过径流和淋洗途径排放到环境中，而硝化抑制剂可通过抑制铵态氮转化为硝态氮，使得施入土壤中的氮素更多以铵态氮形态存在，减少土壤中硝态氮的累积，提高氮肥利用率，从而减少氮素的淋洗和径流排放。

2. 工艺流程

蔬菜生长期 CP 尿素采用 1 次基肥 2 次追肥，按 50%、25% 和 25% 施用，番茄、莴苣、芹菜的推荐施用量分别为 180kg N/hm^2、162kg N/hm^2、180kg N/hm^2。磷、钾肥和有机肥用量相同，作为底肥一次施入，移栽前施入钙镁磷肥 180kg P_2O_5/hm^2，硫酸钾 150kg K_2O/hm^2，腐熟鸡粪（含 N 2.2%）900kg/hm^2。

3. 技术创新点及主要技术经济指标

关于水、肥、药一体化的滴灌技术的研究报道，多为智能化、自动化控制系统，具备灌溉系统、注肥系统、注酸系统、施药系统、混合系统和控制系统等，可达到省工、省水、省肥的目标，没有涉及节省成本；本研究的蔬菜地通过落差进行水、肥、药一体化的滴灌技术，可在省工、省水、省肥的基础上极大地降低建设和维护成本，易于大面积推广应用。本研究委托的蔬菜地硝化抑制剂-水肥一体化耦合增效减排技术中硝化抑制剂采用的是 2-氯-6-（三氯甲基）吡啶（nitrapyrin），以往参考文献关于硝化抑制剂应用于菜地的研究主要包括 3,4-二甲基吡唑磷酸盐（DMPP）、双氰胺（DCD）和 nitrapyrin 这 3 种硝化抑制剂，其中 nitrapyrin 在蔬菜地上的应用仅进行了 UR（普通尿素）和 CP（含 nitrapyrin 的"碧晶"尿素）在菜心种植上的应用效果比较，未涉及 nitrapyrin 与水肥一体化技术的结合施用。

技术系统应用参数：在菜地边设计安装建设通过落差进行水、肥、药一体化滴灌的装置，包括高位储料箱 1 个，长×宽×高为 2m×2m×1.5m，以及与高位储料箱连通的缓冲池 1 个，高位储料箱下方设有支撑架，支架立地高为 1.5m，高位储料箱的一侧设有梯子，梯子的一侧沿着高位储料箱的外围延伸设有一圈防护栏；储料箱的进入由 1 台水泵抽取邻近的河水来供给；所述高位储料箱包括 2 个以上的子箱，每个子箱分别通过管道连通缓冲池，缓冲池内设有搅拌器，缓冲池通过管道连通田间滴灌带。

该技术使黄瓜和丝瓜的平均施氮量由农户对照的 472.5kg N/hm^2 降低至 157.3kg N/hm^2，节约施肥人工成本 200 元/亩，蔬菜产量增加 104% 以上，氮肥利用率由农户的 15% 左右提高到了 35% 以上，氮淋洗损失降低了 30%，氮径流损失降低了 60%。

4. 实际应用案例

本技术系统在宜兴市周铁镇棠下村区域种植业污染物联控综合示范工程进行了应用，示范区总规模约 504 亩，示范工程第三方监测结果表明，工程实施后，与非示范区相比，化学氮磷投入减少 30% 以上，产量不减，投入成本减少 10% 以上，地表径流氮磷流失率消减 30% 左右，综合生态效益明显。技术系统效果明显，达到了设计预期和工程示范考核目标。

技术来源单位：中国科学院南京土壤研究所。

4.1.7 基于农田养分控流失产品应用为主体的农田氮磷流失污染控制技术

1. 基本原理

基于农田养分控流失产品应用为主体的农田氮磷流失污染控制技术，主要包括生物腐殖酸的应用技术、有机肥的应用技术、秸秆还田的应用技术、缓释肥的应用技术、控失肥的应用技术等，结合化肥减量化、优化施肥技术，形成的一个技术体系。该技术是控制农田氮磷流失源头的组合技术，改变了以前各项单一技术的应用，既包含了养殖废弃物和农田废弃物（秸秆）的生态循环利用技术，也包含了化肥减量技术、化肥替代技术，有利于实现绿色增效。生物腐殖酸、有机肥、秸秆还田、缓释肥的应用技术原理主要是通过改良土壤、提高土壤中氮磷钾含量和微量元素含量及提高肥效与刺激作物生长，达到减少化肥施用量和流失量的效果。

2. 工艺流程和技术参数

工艺流程主要包括农田养分控流失产品应用和化肥减量化、优化施肥技术应用。

a. 生物腐殖酸的应用技术：该技术用 20kg/亩的生物腐殖酸替代常规施肥量的 20%（含基肥 20% 和追肥 20%），作为基肥施入土壤，不改变其正常管理模式。

b. 有机肥的应用技术：用 200kg/亩的有机肥作为基肥施入土壤，替代常规施肥量的 20%（含基肥 20% 和追肥 20%），不改变其正常管理模式。

c. 秸秆还田的应用技术：用秸秆的全量直接还田替代 15% 常规化肥施肥量（含基肥 15% 和追肥 15%），作物生长快速期适当增补一定尿素追肥，其他管理模式正常。

d. 缓释肥的应用技术：用缓释肥替代化肥 80%~100%，缓释肥一次性施入土壤，其他管理模式正常。

e. 控释肥的应用技术：应用控释肥完全替代化肥，一次性施入土壤，其他管理模式正常。

f. 化肥减量化、优化施肥技术。

3. 技术创新点及主要技术经济指标

技术创新点如下。

a. 种养一体化的技术模式：通过对养殖粪便和种植秸秆等废弃物的资源化利用，形成生物有机肥等农田养分控流失产品并应用，实现了养殖业和种植业的生态循环生产模式。

b. 控流失产品在农田养分流失源头控制的技术集成：与一般的农田氮磷控制技术比较，该技术是控制农田氮磷流失源头的组合技术，改变了以前各项单一技术的应用，既包含了养殖废弃物和农田废弃物（秸秆）的生态循环利用技术，又包含了化肥减量技术、化肥替代技术，有利于实现绿色增效。

c. 化肥减施增效技术：通过养殖和种植废弃物的资源化产品应用于农田，运用化肥减施技术、化肥部分替代技术，实现农田氮磷的高效利用，改善土壤质量，削减农业农村污染输出，达到化肥减施增效的目的。

主要技术经济指标如下。

各单项技术均可减少化肥氮磷用量 5%～15%，减少农田氮磷流失 5%～20%；组合技术可减施化肥氮磷 20%～30%，减少农田氮磷流失 25%～35%。水稻每亩提高 50kg，小麦每亩提高 30kg，亩均增收节支约 30 元。

4. 实际应用案例

该技术在项目区安徽省肥东县牌坊乡和众兴乡进行了应用，水稻示范面积 8000 亩，小麦 7000 亩，油菜 4000 亩，蔬菜 2200 亩。示范区减施化肥氮磷 20%～30%，减少农田氮磷流失 25%～35%，明显减少了农业农村污染，改善了农业环境质量。水稻每亩提高 50kg，小麦每亩提高 30kg，亩均增收节支约 30 元。

示范区提高了耕地土壤质量，对地方具有良好的经济、社会和生态意义，具有很好的应用前景。示范项目启动前，相关技术人员根据巢湖流域农业农村污染特征，提出了优化施肥技术、化肥减量技术、秸秆还田技术，制定了作物氮磷减施栽培规范等。根据对巢湖流域现状的调查分析，认为农田养分控流失产品应用技术可行。当前已经完成中试研究和农田规模化的示范区建设，具有较好的减氮控磷效果。

技术来源单位：中国农业科学院农业环境与可持续发展研究所。

4.1.8　基于冬小麦–夏玉米全周期肥料运筹的化肥科学减量技术

海河流域冬小麦–夏玉米轮作农田氮肥过量施用，容易造成氨挥发和氮素淋洗等氮素损失的问题。基于 8000kg/hm² 的目标产量，发现在 400kg/hm²（氮肥减量 30%）的氮素和 315kg/hm² 的磷素用量下，氮素和磷素的盈余量分别为 68.08kg/hm² 和 94.383kg/hm²。理论上盈余量越接近零，各种输入和输出越接近平衡，此时不消耗土壤养分库，可以实现土壤可持续生产。而在目标产量情况下作物的吸收量和外界输入量接近相同，对外损失量为零，是理想的氮磷投入量。但在实际中，对外损失基本不可能为零，如果仅以作物吸收量投入相应的氮磷养分，就会导致土壤养分库的损耗。这可能短期内不会对作物生长发育造成影响，但在土壤养分库的持续损耗下，必将影响作物产量和品质。因此，提出了在冬小麦-夏玉米轮作周期内 $400kg/hm^2$ 施氮量和 $138.5kg/hm^2$ 施磷量的基础上减施 20%，对作物产量及氮素吸收不会引起显著变化，而且提高了籽粒和秸秆的氮吸收量，增加了氮利用效率。与传统施肥习惯相比，减量处理的冬小麦和夏玉米籽粒氮吸收量分别增加 5.63% 和 8.51%。而且还可能通过作物间作方式、适时适地施肥、改变施肥比例等方式促进作物产量提高，提高肥料利用效率，降低氮肥损失及提高植株的抗病虫能力。与习惯施氮相比，氮肥减施 20%~30% 未影响根际土壤微生物量碳、氮含量，反而增加了非根际土壤微生物量碳、氮水平。

通过调整不同的氮磷钾比例，筛选出适合冬小麦和夏玉米的肥料结构，适合小麦的施肥结构是 $N-P_2O_5-K_2O=270-135-90$，氮肥投入降低 14%，磷肥投入降低 50%，产量增加 16.9%，氮素流失减少 63%；适合玉米的施肥结构是 $N-P_2O_5-K_2O=195-75-60$，氮肥投入降低 23%，产量不变。

技术来源单位：中国农业科学院农业环境与可持续发展研究所。

4.1.9　冬小麦-夏玉米全周期新型肥料替代技术

针对化肥肥效短，在作物生长期间，一个生长季施肥过量且需要进行几次追肥的不足，因地制宜地研发了缓/控释肥替代技术，解决了传统型化肥肥效短、环境外部性强的问题。小麦季，与农民习惯（$N-P_2O_5-K_2O=315-270-0$）相比，控释肥（270-150-120）和稳定性肥料（270-150-120）（常规肥料配施硝化抑制剂，双氰胺用量为尿素用量的8%）处理产量基本与农民习惯处理持平，在减氮 14.3% 的水平下，未明显降低小麦产量，控释肥略增加小麦产量。玉米季，与农民习惯（$N-P_2O_5-K_2O=255-45-60$）相比，缓/控释肥 B（225-45-60）和稳定性肥料（225-45-60）（常规肥料配施硝化抑制剂，双氰胺用量为尿素用量的8%）处理的玉米产量略有升高，增产幅度在 8.8%~11.0%，以新型肥料减氮投入 11.8% 替代常规氮肥，对玉米产量影响不显著。

通过调整不同的氮磷钾比例，筛选出适合冬小麦和夏玉米的全周期缓/控释肥替代技术，适合小麦的缓/控释肥结构是 $N-P_2O_5-K_2O=270-150-120$，氮肥投入降低 14%，磷肥投入降低 50%，产量不变；适合玉米的优化缓/控释肥结构是 $N-P_2O_5-K_2O=225-45-60$，氮肥投入降低 11.8%，产量不变。

技术来源单位：中国农业科学院农业环境与可持续发展研究所。

4.1.10　冬小麦-夏玉米全周期生物菌肥配施化肥减量技术

针对海河流域化肥过量施用导致冬小麦-夏玉米营养器官含氮量过高、群体成熟度不一致、不利于提高籽粒中的氮素分配比例、地力衰减、面源污染加剧的问题，提出了有机废弃物中添加人工有益微生物经高温发酵后制成的富含多种功能菌的生物菌肥替代技术。该技术可以促进有机质矿化和难溶矿物质溶解释放，提高作物养分吸收能力和吸收量，提高肥料的利用率，降低农业生产中的化肥用量，缓解化肥特别是化学氮肥超负荷用量带来的环境压力。

菌肥配施下化肥不同程度减量能在小麦生育中后期提高地上吸氮量，且菌肥在提高植株对氮素的获取能力和产量等方面优于单施化肥；在拔节期和灌浆期单施化肥处理的吸氮速率均低于菌肥处理，且配施菌肥处理的吸氮速率显著大于单施化肥，表明施用菌肥可以在小麦生育后期提高地上吸氮量和吸氮速率。常规施氮量（N：$200kg/hm^2$）下的氮素吸收效率、氮素收获指数和氮肥偏生产力都比较低，菌肥配施下化肥减量 25%（N：$150kg/hm^2$）能不同程度提高植物对氮素的吸收和利用。菌肥处理的叶片 SPAD 值同样在生育中后期表现出优势（成熟期例外），拔节期和灌浆期叶片 SPAD 值都表现出菌肥处理显著高于单施化肥，说明菌肥与中量化肥共同施用可增加同期冬小麦的叶片 SPAD 值，促进冬小麦的光合作用。菌肥的施用比单纯使用化肥增产效应明显，且能改善作物品质。化肥减量 25% 配施菌肥的处理能将所吸收的氮素更好地用于产量的形成，其经济系数较显著高于单纯使用化肥，因此具有更可观的经济效益。菌肥的施用还能增加冬小麦的千粒重，而菌肥与有机肥共用的处理的经济系数偏低，说明该有机肥会降低作物的谷草比，不利于产量的提高。化肥减量 25% 配合生物菌肥下冬小麦的产量最高，菌肥配施与秸秆还田下可以实现化肥减量产量不减反增的目标。菌肥与中量化肥的组合相比其他处理有其明显的优越性，说明低量化肥已不能满足小麦正常的生长需要，氮肥减量要适度。

该技术由自主研发集成而来，在山东滨州核心示范区进行了技术示范，以山东滨州地区小麦-玉米轮作系统年化肥用量 $400kg$ N/hm^2 为准，全部减量 25% 可以减少滨州市年纯氮投入量 4.52 万 t，折合普通尿素约为 9.82 万 t，若小麦的当季氮素回收率为 43.8%，玉米的当季回收率为 32.4%，则每年可减少各种途径损失氮素 1.39 万 t。

技术来源单位：中国农业科学院农业环境与可持续发展研究所。

4.1.11 生物碳和有机肥配施增效减负技术

针对海河流域农田土壤有机碳缺乏而作物秸秆还田不足，导致农田土壤碳氮失调、氮磷固持能力下降易于淋失的问题，提出了增施有机肥和秸秆碳化还田的以碳调氮技术，通过碳氮关系调节，提升土壤肥力、改善土壤质量、扩大土壤库容，增加土壤对氮磷的持留能力，一方面为作物的生长和土壤环境的维持提供更多的物质来源，另一方面减少农田生态系统氮磷向环境的排放量。

施加生物碳降低了土壤淋溶 NH_4^+-N 含量，其浓度变化范围为 1.5～2.3mg/L，淋溶 NH_4^+-N 降低范围为 6.3%～34.9%；施加生物碳同样降低了土壤淋溶液中的 NO_3^--N 含量，施加生物碳处理中淋溶液中 NO_3^--N 含量降低了 37.2%～55.9%。施加生物碳降低了径流中的 NH_4^+-N 浓度（12.1%），但增加了径流中的 NO_3^--N（20.7%）、TN（5.0%）和 TP（30.7%）浓度。施加生物碳降低了 NH_4^+-N 和 TN 浓度，分别降低 25.9% 和 7.3%，而增加了 NO_3^--N 和 TP 浓度达 54.6% 和 72.4%。在玉米季，与对照相比，施加生物碳处理中，N_2O 累积排放量分别降低了 54.0% 和 47.7%，而在小麦季则降低了 63.2% 和 62.2%。小麦季的峰值远远小于玉米季，生物碳处理则降低了 N_2O 排放量达 62.4%（C1）、84.1%（C2）和 42.4%（C3）。总体而言，施加生物碳处理的土壤年平均 N_2O 排放量降低了 26.1%～56.3%。施加生物碳并配施有机肥对玉米和小麦产量均有增加趋势。在玉米季，施加生物碳与单施化肥相比，玉米产量有增加的趋势，但没有显著性差异。对于小麦产量而言，施加生物碳处理的产量均有增加的趋势，但各处理间并无显著性差异。

技术来源单位：中国农业科学院农业环境与可持续发展研究所。

4.2 畜禽养殖业污染源头控制技术

4.2.1 发酵床养殖零排放控制与垫料资源化利用技术

1. 基本原理

在养殖舍内铺设垫料并喷洒具有发酵功能的无害微生物菌剂，利用微生物发酵技术将养殖粪污直接分解并转化为基质和有机肥等产品。

2. 工艺流程

该技术通过在养殖舍内铺设垫料，并在垫料上喷洒具有发酵功能的无害微生物菌剂，在间歇翻堆的情况下，利用发酵床垫料中的微生物对粪污进行分解转化。该技术可以同时处理养殖粪便、尿液和农田秸秆，解决了养殖场废水直排对周围水体污染的问题，同时也解决了农田秸秆焚烧的问题。该技术实现了对垫料的机械化翻堆，降低了人工成本。

3. 关键技术

利用微生物发酵技术将养殖粪污直接分解，垫料吸收粪污后经过混合堆肥再用于农田。

4. 实际应用案例

2011～2012 年，通过对年出栏约 1500 头的猪场进行原位微生物发酵床改造示范，实现了养殖场粪尿零排放，消除了养猪业对当地水源地的污染。从 2013 年开始，在全国多个地区开展了万头当量猪养殖场的改造和技术示范。养殖场 COD、五日生化需氧量（BOD_5）和氨氮排放量均削减 90% 以上。养殖场周边的水源地水质主要考核指标从劣 V 类改善至 Ⅲ 类。同时，完成年产 1 万 t 垫料转化为有机肥生产线的建设，生产的有机肥获得产品登记证书。

综上，已有的工程实践表明，该技术工艺可实现养殖过程粪污零排放，养殖后的垫料经生物发酵后转化为多种资源化产品，具有一定的经济效益。目前已经完成数个示范工程的建设，并具备完整的资源化产品生产线。

技术来源单位：中国农业科学院农业环境与可持续发展研究所。

4.2.2 新型饮水器和两坡段干湿分离养猪生产污水削减技术

1. 基本原理

利用猪固有的行为习性（定点排泄），从工程设计入手，改进现有圈栏设计，以便于集中收集粪便，减少冲洗用水量；根据猪的排泄物特性，改进现有地板结构，达到固液快速分离目的；根据猪摄食和饮水行为特点，改进现有采食槽和饮水器的构造及改变安装位置，达到减少饲料和水资源浪费的目的。

2. 工艺流程

工艺流程为"分区圈栏设计—两坡段干湿分离地板—节水型饮水器"。分区圈栏设计有助于实现猪只"三点定位",减少圈栏污染面积;两坡段干湿分离地板,通过对比研究不同地板坡度和地板表面粗糙度对地板污水流动速度与污染面积的影响,对比不同地板缝隙大小与断面形状对漏粪量的影响,研究开发通长的直条形缝隙固液快速分离地板,集成两坡段干湿分离设计方案;根据猪摄食和饮水行为特点,采用节水型饮水器,优化安装位置。三技术集成可有效改善圈栏环境,节水减排。

3. 关键技术

基于"三点定位"的分区圈栏;防侧漏可回收新型饮水器;两坡段干湿分离地板。

4. 实际应用案例

集成分区圈栏设计、两坡段干湿分离地板、新型饮水器 3 项工艺技术,在雏鹰农牧 10 000 头猪养殖场开展技术示范,示范工程设计规模为 12 栋育肥猪舍,总建筑面积 5616m²,存栏育肥猪 3360 头,年出栏 10 000 头商品猪,实现了养殖节水与污染减排。

技术来源单位:郑州牧业工程高等专科学校。

4.2.3　畜禽废弃物低能耗高效厌氧处理关键技术

1. 基本原理

利用酒糟废液强化冬季厌氧产气,通过酒糟的加入强化化粪池中有机酸的生产,在封闭厌氧塘工艺段中强化甲烷生成效率。通过模拟大池体的水动力条件,发现在低流速条件下,单级封闭式厌氧塘存在 70% 以上死区,降低厌氧产甲烷效率。通过引入气动搅拌技术优化水力条件,增强传质,进而强化产甲烷效率,提高体积负荷。

2. 工艺流程

工艺流程为"粪污—酒糟—产酸—产甲烷"。具体如图 4.1 所示。

3. 技术创新点及主要技术经济指标

针对传统养殖废弃物厌氧处理设施投资成本大、冬季运行效率低等问题,研发低成本的封闭厌氧塘、两相废弃物厌氧发酵等关键技术。通过水力模型及

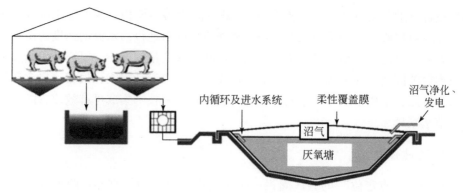

图 4.1 粪污—酒糟—产酸—产甲烷工艺流程图

ADM 模型模拟优化，建立 pH 自调节缓冲体系，提高系统的稳定性，增加产气量及降低出水 COD。该技术核心工艺由两步组成：①将酒糟导入猪舍下方原位酸化池中，强化猪粪产挥发性脂肪酸（VFA）过程，其中猪粪：酒糟的掺混比为 19：1，可强化单位挥发性固体（VS）产生甲烷量 6.2%；②将酸化池中猪粪导入封闭式厌氧塘，强化其产甲烷过程，通过气体搅拌的过程，发现在低流速条件下，单级封闭式厌氧塘存在 70% 以上死区，降低厌氧产甲烷效率。通过引入气动搅拌技术优化水力条件，增强传质，进而强化产甲烷效率，提高体积负荷。

4. 实际应用案例

该技术在滨州中裕食品有限公司得到应用，规模达到 3 万头生猪当量。该公司建立的中裕高效农牧循环经济产业园构建了从小麦育种、初深加工、废弃物循环综合利用、生猪养殖、有机肥生产、生态农业园区到农产品加工及物流配送的一、二、三产业相结合的循环经济产业链体系；以深加工环节形成的废弃物综合利用为突破口，发展循环经济，实现了从种植到加工，再到养殖，最后回到种植的养分大循环。

技术来源单位：中国农业科学院农业环境与可持续发展研究所、中国科学院生态环境研究中心。

4.2.4 畜禽养殖废弃物异位微生物发酵床处理与资源化利用技术

1. 基本原理

利用好氧发酵原理，将养殖粪污集中收集后，传输到专门的发酵车间内，通过自动喷污装置将粪污喷洒于发酵床填料中，并通过自动翻抛机进行翻堆。生物菌群通过对粪污的好氧发酵产生热量，使水分蒸发，粪污得到降解。发酵床填料的主要成分是稻壳和锯末，其营养含量低，而外加的粪污养分含量较高，是微生物代谢的主要营养来源。垫料中芽孢杆菌、酵母菌、发酵床原籍嗜热菌等有益好氧微生物发酵产生的热量使填料温度达到 60℃ 以上，此时纳豆芽孢杆菌以芽孢形式抵抗高温，其芽孢可以耐受 100℃ 高温，与耐热或嗜热的有益微生物共存。

2. 工艺流程和参数

在填料的选择上利用农作物秸秆，粉碎后铺设到发酵床中，发酵菌剂的添加比例为 1‰~2‰（质量/体积）。将填料表面耙平，采用机械定期对发酵床进行翻堆处理。发酵床结合实际情况，采用长方形、敞开式设计。异位发酵床（图4.2）污染处理系统是独立于养殖舍之外的粪污处理模式，分为粪污预处理、粪污输送和固体发酵三个环节，这种粪污处理模式更高效，投资少，管理成本低，不影响原有的畜禽养殖模式，并可以达到粪污零排放的目标。填料高度在 1.4m 以上，填料表面 20cm 和底部 10cm 不能计入有效体积；控制每头生猪每天排污量在 10kg 以内；猪粪不得外排，须全部进入发酵床；填料下沉 20cm 以上须补充至原设计高度；日喷污量需按照填料有效体积喷污；发酵温度要保持在 60℃ 以上；日翻抛一次以上（与蒸发速度有关系）。

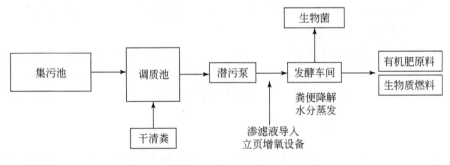

图 4.2　异位发酵床工艺流程图

3. 技术创新点及主要技术经济指标

利用发酵床中的填料及微生物对粪污进行分解转化。异位发酵床在控制养殖场用水量的情况下可以同时处理养殖粪便和废水，解决了养殖场废水直排对周围水体的环境污染问题。同时也可以实现对填料的机械化翻堆，降低人工成本。此技术创新农作物秸秆资源化利用新模式，为解决秸秆焚烧产生空气污染问题提供借鉴，实现了养殖污染和秸秆焚烧污染的同步解决。

4. 实际应用案例

陈贤尧生猪养殖场位于安徽省合肥市肥东县元疃镇，占地面积 50 多亩，存栏生猪 800 头。为了解决养殖业对周围环境产生的污染问题，养殖场建设了畜禽养殖废弃物异位微生物发酵床处理工程。通过相关技术的示范该养殖场的污染负荷削减 90% 以上，有效保障了养殖场下游水环境质量。该技术是以微生物发酵床技术为核心的养殖污染综合控制技术，为巢湖流域及其他重点流域养殖业面源污染控制提供了技术借鉴，在农业农村污染治理中应用前景广阔。

技术来源单位：中国农业科学院农业环境与可持续发展研究所。

4.2.5　规模化以下移动式生态养殖（养猪）技术

1. 基本原理

采用钢架可组合、配件可拆卸的设计思路，实现了圈上养蜂、圈中养猪、圈下养禽立体养殖。

在粮田、果园、菜地等任何需要有机肥料的地方，根据种植物对有机肥的需求，灵活确定圈舍规模的大小和养殖的数量。创新了适度规模、种养结合、生态平衡、循环利用、持续发展的生产模式。

移动式生态猪舍采用车间生产、现场组合的方式，不破坏耕地，不在建设处留下一块砖、硬化一块地。移动式生态猪舍建设在长满果木粮草的自然环境中，通风透光良好，生猪健康生长，可为消费者提供美味可口的"涪陵黑猪肉"。

2. 工艺流程和参数

坚持"种养结合、生态环保"的理念，在耕地上铺垫河沙，大棚下圈养生猪，利用沙地消纳生猪粪尿排泄物，生猪育肥出栏后，在培肥的沙地上种粮种菜。采用长江天然河沙作为猪舍垫料，充分吸附猪群的排泄物，并进行降解；将猪群出栏后的猪舍改为牧草种植大棚，种植养猪青饲料，实现种养结合；利用牧草消纳粪污，以净化猪舍，大棚牧草收割后再还原该地块用于养猪，依此循环使用。

可拆迁式猪舍，由多个单元连接构成，包括猪舍房屋、猪栏和供料、供电、供水、排污系统，其特征在于：猪舍房屋包括可装拆的房屋支架、屋顶、墙板、门及卷帘窗、地板，房屋支架先与地板固定，屋顶和墙板通过扣件连接到房屋支架上，地板由五孔水泥板或微缝地板铺设而成。

将育肥猪养殖过程中产生的粪污经就地堆肥处理后用作有机肥，在迁走猪舍的地基所在土地上进行牧草或农作物种植，育肥猪养殖与牧草或农作物种植交替进行。①将土地划分为多个区块；②任选定一区块作为养殖区块，在养殖区块上搭建可拆迁式猪舍饲养育肥猪，其余区块作为种植区块，种植牧草或农作物；③在养殖区块饲养 2~3 期育肥猪后，将猪舍拆迁至任一种植区块，利用育肥猪养殖产生的粪污经就地堆肥处理后作有机肥在迁走猪舍后的养殖区块进行牧草或农作物种植；④在迁移至种植区块的猪舍内进行育肥猪养殖，按照步骤③的方法依次迁移至余下的种植区块，进而回到养殖区块，再依次循环进行种养轮换。

3. 技术创新点及主要技术经济指标

a. 移动式猪舍养殖粪污完全被移动猪舍下作物吸收、资源化利用，可避免像固定畜舍养殖方式那样造成局部有机物积累而导致粪污对养殖场本身及其周边环境的严重污染，相反，还可因有机肥的合理施入而提高土壤的肥力，有利于农作物的优质高产，猪粪污可全部肥田，从而促使种养两业兴旺；同时可减少化肥的使用量，有利于有机农业。

b. 与传统的固定养殖相比，具有节地（猪舍可便捷装拆、迁移，不破坏耕作层，养殖后土地可复耕）、节耗（养殖产生的粪污可作为有机肥就地为种植业资源化利用）、低成本（因节地、节耗和不必建造及运行环保治理设施而降低养殖成本，同时因减少化肥使用而降低种植成本）和生态安全（因非固定养殖而阻断病原微生物的纵向传播，从而减少猪只疾病，减少用药，保障畜产品安全，同时因使用有机肥而减少化肥的使用，防止土壤板结，有利于生产优质农产品）等优势。

c. 一是扩大了生猪的活动范围，改善了通风条件，使之处于半散养状态，增加了动物福利和健康；二是沙地基本上消纳了猪粪猪尿，有效地解决了规模化养殖带来的面源污染难题，对环境友好。

d. 在同一耕地上，实现了种植养殖轮换、耕地用养结合，解决了当下有机肥还田的难题，有利于耕地肥力的提升并且用不断培肥的耕地种粮种菜，不用或少用化肥，实现了农产品的绿色生产，保障农产品质量安全。

4. 实际应用案例

示范区分布在重庆市涪陵区南沱镇龙王沟的三峡库区腹心地区小流域，养殖场所在重庆市涪陵区南沱镇关东村二社。示范公司实行"双推五改六统一"的种养友好养殖新模式，即双推，推广种养友好结合生产方式，推广互助合作经营方式；五改，改人畜混居为人畜分离，改土杂猪种为优良猪种，改大规模和小规模饲养为适度规模饲养，改固定封闭猪舍为移动敞养猪舍，改单一精饲料为精饲料加青饲料；六统一，统一规划设计建场，统一技术培训指导，统一防疫保健，统一配送仔猪，统一饲料购进加工配送，统一产品销售。目前，重庆海林生猪发展有限公司年出栏生猪1.5万头，经产母猪500头，后备母猪800头，到2017年发展到年出栏3万头黑猪。

技术来源单位：西南大学。

4.3　农村生活污水治理技术

4.3.1　村落无序排放污水收集处理及氮磷资源化利用技术

1. 基本原理

该技术以"拦截、净化、利用"为指导思想，以水生蔬菜型人工湿地为核心技术，充分利用农村的地形地势及地域特征，提出在农村天然水体、已有沟渠等基础上简单施工，构建包含初雨自动收集高效生态拦截沟渠、生态护坡、生态净化塘、水生蔬菜型人工湿地的多级拦截系统，通过水体自净、物理、化学、微生物、植物的多重作用，有效削减径流中的氮磷负荷，同时产生一定的经济效益。

生态拦截沟渠采用生态混凝土护坡，重建植物群落，结合沉水植物，恢复水体的生物多样性，利用生物、生态作用拦截初期雨水径流中的颗粒态污染物，实现水质的净化。生态净化塘利用村落周边分布的小池塘、断头河等改建而成，构建成以不同水生动植物和微生物为净化主体的多种生境区域，各生态净化单元之间协调作用，依靠塘中的藻、菌共生原理来充分调动水体的自净能力，达到去除氮磷、深度净化污水处理尾水、改善水体景观的目的。

2. 工艺流程和参数

工艺流程为"生态拦截沟渠—生态净化塘—水生蔬菜型人工湿地—排入就近水体"。流程如图4.3所示。

初期降雨径流直接进入生态拦截沟渠。生态拦截沟渠沿程拦截技术采用生态混凝土护坡，重建植物群落，结合沉水植物，恢复水体的生物多样性，利用生物、生态作用实现水质的净化。适用于低浓度污水的收集处理、生物单元与生态

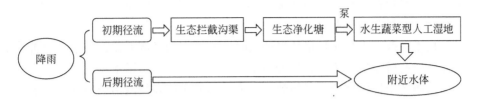

图4.3　村落无序排放污水收集处理及氮磷资源化利用技术工艺流程图

单元之间的连接及农村面源污水的收集拦截。后期径流溢流后直接进入附近水体。

生态净化塘利用地形优势，配合水力优化和岸坡生态化建设而成的"挺水植物生境区—生态浮床生境区—沉水植物生境区"为次序的多生境氧化塘系统，对雨水起到调蓄和预处理作用。

人工湿地构建成 O-A-O 新型水生蔬菜湿地。两段进水条件下对污染物的去除效果较好，最佳流量分配比为 （1∶2.5）～（1∶4）。当水力负荷为 0.3m³/（m²·d） 时湿地对 COD、TN、TP 的去除率分别可达 50.58%、68.63%、76.07%，出水可达到《城镇污水处理厂污染物排放标准》（GB 18918—2002） 一级 A 排放标准。

3. 技术创新点及主要技术经济指标

因地制宜地利用天然水塘、水沟、蔬菜田等构建生态处理单元，建成具有良好生态效益的生态塘、生态沟，创造出土壤吸附、植物吸收、生物降解等一系列自然净化条件，实现污染物从收集到排放，从"沟"到"塘"到"湿地"的多级沿程净化，实现污染物拦截的资源化、高效化、景观化、低成本化。施工简单，管理要求较低。

目前示范工程无序排放生活污水及降雨初期径流经收集和生物生态处理后，COD、TP、TN 去除率为 62% 左右。

4. 实际应用案例

应用单位：宜兴市周铁镇人民政府。

示范工程位于宜兴市周铁镇欧毛渎村，总面积约 1500m²，包括生态拦截沟渠、生态净化塘、水生蔬菜型人工湿地、泵房、计量槽，处理对象为 30 000m² 内的村落初期雨水径流流失的氮磷，最大日处理能力 12t。生态拦截沟渠、生态净化塘对径流 TN、TP 均有一定的去除效果，氮磷的去除以水生蔬菜型人工湿地为主。工程对 NH_4^+-N、NO_3^--N 的去除效果分别达 60%、75%，可削减村落面源流入太湖的氮磷负荷，改善径流水质；示范工程区域种植空心菜、多种景观植物、水生植物等，景观效果明显。

该技术在改善农村水环境质量的同时，能够带来经济效益，使水质改善技术与农业生产有机结合，不仅直接处理了地表径流，也产出了水生蔬菜，污染净化设施所占用的土地同样产生经济效益，为村落无序地表径流污染控制带来了新思路。根据技术就绪度的分级标准，该项技术已有适当规模的示范工程，已经初步完成了工艺设备流程的可靠性研究，对示范区出水中的污染物均有一定的削减。

技术来源单位：东南大学。

4.3.2　村落面源污染收集与处理技术

1. 基本原理

基于洱海流域农村污水收集现状，开发了该污水收集与处理技术。通过功能填料、跌水充氧与微生物氧化、潜流湿地等工艺组合，形成了分层生物滤池污水处理工艺，将生活污水中的有机物进行好氧氧化，污水中的氮转化为硝酸盐，部分通过反硝化作用去除。污水中剩余的硝酸盐和磷酸盐继续通过后续的潜流湿地发挥反硝化与磷酸盐吸附作用进行去除。针对农村地区污水收集系统不健全的现状，提出了基于村落雨污合流的截污沟收集系统，沿村形成缓冲区，将污水与雨水收集到缓冲塘内，处理后排入环境当中。

2. 工艺流程

该工艺的流程如下：

村落生活污水→分区收集系统→分层生物滤池→强化潜流湿地→排入环境水体。

污水处理单元工艺示意图如图4.4所示。

3. 技术创新点及主要技术经济指标

工艺主要技术指标如下。

最大有机负荷：$1.4kg\ COD/(m^3 \cdot d)$。

最大容积负荷：$4.0m^3/(m^3 \cdot d)$。

滤床高度：3.2m。

潜流湿地停留时间：4h。

出水水质指标：一级 B。

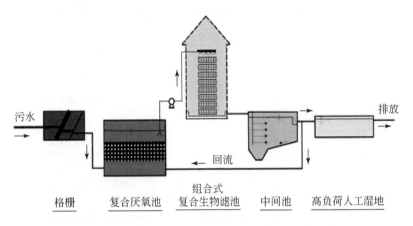

图4.4　村落面源污染收集与处理技术工艺流程图

建设成本：4000~6000元/(m³/d)。

运行成本：0.3~0.5元/m³。

4. 实际应用案例

应用情况：在云南大理开展了工程应用示范，目前已经在洱源县右所镇大树营村、簸箕村、葛官营村等4个自然村实施了工程，最大单个工程处理规模达到130m³/d，出水稳定达到一级B标准。

技术来源单位：上海交通大学。

4.3.3　生活垃圾低温热解消纳系统

1. 主要技术指标和参数

a. 设备运行对要处理的垃圾要求低。

a) 生活垃圾处理前不需要进行垃圾分拣，垃圾减量化可达90%以上。处理器对无机玻璃、金属等物品不做处理，垃圾经过处理后实现资源化分类。

b) 生活垃圾处理前进行可利用资源回收分拣，垃圾减量化可达97%以上。

b. 设备进行垃圾处理时，无须能源/动力。烟气净化需要小功率喷淋泵。

c. 处理器对生活垃圾热解消毒，设备无渗滤液和飞灰等危废产生。

d. 单位立方米垃圾处理成本低于2元。

e. 处理器占地面积小，单位效率高（表4.1）。

表4.1 生活垃圾低温热解消纳系统主要技术参数和指标表

序号	内容	参数
1	处理量	$2.5 \sim 18.5m^3$
2	使用电源	220V 50Hz
3	垃圾处理耗电量	$1.5 \sim 4kW/m^3$
4	耗水量	0.3t/10d
5	工作温度	$130 \sim 200℃$
6	烟气排放温度	<60℃
7	排放产物	水蒸气95%，干热灰3%
8	其他能源使用	无

2. 基本原理

生活垃圾低温热解消纳系统是基于有机物质在霍尔效应下的低温缺氧裂解原理，依据国际先进的氧气磁化激活理论，箱体内部模拟自然环境对有机物质的非生物降解。设备经过一次热启动后经过物化方法的组合使得有机物质的热值被释放，分解出水蒸气及原矿物质，加上箱体保温，结构与通气量的配合使得炉体温度始终控制在$80 \sim 200℃$，低于二噁英的产生温度（$250 \sim 550℃$），大幅减少二噁英的产生。系统主要靠垃圾在磁化热分解的过程中自身产生的热量及有机物质降解产生的热量来达到垃圾消纳的目的，大大节省了能源的消耗。在此过程中配合设备中缺氧环境，有机物质的分子直接裂解为小分子气态化合物和灰分，减少了挥发性有机物（VOCs）等大分子化合物的浓度，减少了二噁英类物质的前体物浓度，配合烟气处理系统的使用使得垃圾中挥发的有害物质得以去除。

3. 工艺流程

垃圾处理在填满物料后第一次点火，控制反应温度在200℃以下，随着垃圾逐渐热解减量，定期人工添加垃圾进行消纳处理，尾气进入烟气处理系统，残渣由人工定期清除。单台设备对应3000人村庄，由2名工作人员早晚两班收取垃圾后投入设备即可维持运转，无须额外燃料。

烟气处理系统中总共分为三个部分，喷淋、烟气洗涤、烟气除味三个环节串联进行。在无外接动力时保障垃圾烟气在与喷淋液体充分混合的同时不影响烟气的排放效果。烟气在喷淋处理后进入烟气洗涤段，在专利配方药品的运用下最大限度地去除烟气中的有害气体及大部分水蒸气。

4. 技术创新点及主要技术经济指标

a. 生活垃圾低温热解消纳系统独创"一次点火,常年不熄",以废治废,无须添加燃料,运行费低,具有全部知识产权,在河北定兴和雄安新区推广时深受当地农民欢迎。

b. 生活垃圾低温热解消纳系统工作温度低于200℃,不产生二噁英,仅有达标废气排放,以及5%~10%的无害固体残渣可供利用。

c. 生活垃圾低温热解消纳系统就地处理,免转运,免分拣,无机废料热解过程中实现无害化,可再利用;有机废料热解过程中实现减量化,最大减量可达97%。

d. 生活垃圾低温热解消纳系统示范意义在于小炉体执行大炉体排放标准,排放可满足《大气污染物综合排放标准》(GB 16297—1996)及《生活垃圾焚烧污染控制标准》(GB 18485—2014)要求,使用缺氧低温热解替代高温氧化焚烧,实现分散收集、分散消纳。

e. 生活垃圾低温热解处理设备单台可以处理约3000人产生的垃圾量,平均1~2个村配一台设备,配套一个垃圾处理站。每个垃圾处理站只需配备两名工作人员,两辆电动三轮车。农村生活区配备垃圾桶,垃圾处理站运行人员负责垃圾的收集与设备的操作。实现了农村生活垃圾农村转运,就地处理。

f. 单位垃圾处理成本低,垃圾处理站整体配套设施日消耗电能28.8kW,电耗成本17.3元。日处理垃圾量5t。每吨垃圾处理成本仅3.5元。

5. 实际应用案例

应用单位:定兴县农村生活垃圾低温热解处理项目。

实际应用案例介绍:该项目旨在进行定兴县农村生活垃圾分散收集就地处理,该项目收集处理生活垃圾150m³/d,共30台5m³/d设备。处理后排放符合大气污染物排放标准和生活垃圾焚烧污染控制标准。

技术来源单位:环农沃土(北京)高新科技有限公司。

4.4 农业农村管理机制与对策

综合我国相关农业农村污染控制管理技术的研究和应用的结论,可得出水专项立项之初我国农业农村污染管理还停留在单一管理措施的研究和试点应用的层面,尚未形成系统的农业面源综合管理措施体系及标准化的信息动态监测与管理平台,难以满足我国流域面源污染综合管理及农业农村清洁流域构建的管理需求，也落后于国际上应用较多的通过最佳管理措施（BMPs）实现流域综合管理的技术支撑体系。具体提升方向体现在：①加强顶层设计，统筹规划，分区分类，梯次推进相关政策制度制定；②健全农业农村污染控制与治理法规、标准等保障体系；③建立健全农业农村污染控制与治理长效运维机制，尤其是监管机制。

具体农业农村污染政策管理技术如下所述。

4.4.1 面向流域尺度种植业源污染防控与治理的管理

基于流域种植业生产源头养分氮投入减量和污染减排双目标，兼顾粮食安全和种植收益目标，进行种植结构优化调整方案设计，首先根据流域系统不同土地利用中土壤和水体氮磷含量空间分布的分析结果，构建土壤氮磷指数（soil N-P index，SNPI）和水体氮磷指数（water N-P index，WNPI）两个综合指数来确定种植业调整的优先区域与范围，其次将经过示范验证的清洁种植技术组合、优化、集成应用于不同作物，然后精算种植主体采纳并实施种植业源污染防控组合技术需对应的生态补偿，并提供相关支持政策和长效保障机制。

针对生态补偿，由于不同作物生产力水平的差异，不同作物采用农业清洁生产技术后可能带给农户每亩净收益损失幅度不同，其补贴标准要考虑作物类别和各自收益损失幅度影响下的发展机会成本，确保实现农户收益最大化；同时兼顾清洁种植技术实践者们开展技术适度规模化实施的潜在交易成本及对清洁实践行动/行为所带来的生态环境效益的奖励支持。

相关支持政策主要包括三个方面：一是有效的农业环境保护示范培训政策。鼓励科研机构建立农业环保试验示范基地，着力增强基层农技推广服务的作用和能力，推动家庭经营向采用先进科技和生产手段的方向转变。建立农业环保技术发布制度，通过组织现场学习、专题培训、试点示范、技术指导等方式，促进农业环保技术的应用，提高农民利用环保技术的意识、自觉性和能力。二是严格的农业环境保护绩效考核与监管政策。建立包括环境质量和污染治理指标在内的、体现可持续发展目标的新的干部考核体系与激励机制，从而提高基层政府保护环境和治理污染的积极性。建设农业农村污染防治信息共享平台，建立先进的农业环境监测预警和完备的环境执法监督体系，为农业农村污染综合防治提供及时高效的信息和技术服务。三是可持续的农业环境保护激励补偿政策。由于农业环境保护具有外部性和公共物品性的特征，而外部性问题的解决和公共物品的提供则需要政府起主导作用，因此政府要充分借鉴国外利用世界贸易组织（WTO）"绿箱政策"对农业生态环境保护进行援助的成功经验和做法，建立健全农业生态环境保护的补偿机制和优惠政策，激励社会、企业和农民的投入，调动社会各方面参与农业生态保护的积极性，对采用清洁生产技术的农户在生产、市场和品牌建立方面给予一定补贴。另外，在继承各级政府已发布的激励政策和补贴措施的基础上，还要有针对性地着力强化：扶持专业合作社在粮食烘干储备方面配套设施用地建设的支持政策、机械化农具倾斜性阶段补贴政策、环保肥料投入品价格上的优惠、社会化农技生产服务的培育扶持及规模化农产品市场销路包括品牌、价格和消费市场建立的支持政策。

长效保障机制具体涉及四个方面。一是强制性机制：通过法律或行政措施将自觉采纳农业清洁生产方式之一作为获得其他农业补贴（良种补贴、种粮补贴等）的最低资格要求，体现对规模化生产的家庭农场和专业合作社清洁生产行为或活动的约束力。二是压力性机制：充分认识并发挥利用消费者绿色消费的需求，驱动形成并传递给规模化生产的家庭农场和专业合作社必须选择农业清洁生产行为的社会压力。三是支持性机制：通过各种媒介为从事农业清洁生产者进行全面宣传，及时提供技术、信息支持，及时对接已建立的农业清洁产品市场平台。四是激励性机制：关键是以补贴和奖励方式对从事农业规模化清洁生产的家庭农场与农业专业合作组织给予可见的实物化、货币化激励支持。

4.4.2 面向流域尺度养殖业源（散养）污染防控与治理的管理

继规模养殖实施区域清洁发展机制（CDM）管控以后，农村分散养殖已成为流域养殖业源污染的主要来源，是农业面源污染防控与治理的又一难点或瓶颈。基于水专项"十二五"研究课题"洱海流域农业农村污染规模化防控运行机制与政策研究"，提出了"政府主导—企业支撑—农民主体参与"的洱海流域养殖业源污染防控规模化组织运行模式，形成"污染防控—绿色发展—合作共赢"的各方利益联结运行机制，即分散养殖区畜禽粪便高效收集机制。该机制主要是基于洱海流域典型农业企业有机肥生产成本效益精准分析、普通奶农（散养农户）参与奶牛粪便集中收集处理意愿及生产季农家肥自用需求的时令性与有机肥价格可承受性分析，结合洱海流域农业农村污染防治"十三五"规划和洱海保护抢救模式新要求而提出的，旨在为洱海流域分散养殖污染减排提供有力的机制支撑。

保障机制，主要包括四个方面：一是各级政府及相关部门主导、企业支持、农民主体协同的参与机制。市县政府部门主要负责统筹统管，包括部分配套资金的筹措和收购粪便数量的审核管理；畜牧兽医局规划指导畜禽粪便收集处理设施建设并监管运营；乡镇政府负责对适度规模经营主体和散户奶农的宣传引导；散户奶农自觉自愿定时直接运送畜禽粪便到收集站；企业具体实施畜禽粪便收集处理工作，并就畜禽粪便收购进行台账记录、费用支付及公示。二是企业先收集、政府后补助的季度发放机制。企业先组织收集畜禽粪便加工利用，政府分季度审核后按季度拨付补助资金。三是规模收集梯级补贴激励机制。政府按企业收集处理达成年度目标程度，分级分梯度给予补贴支持。补贴标准主要基于企业以80 元/t 价格向农户收购新鲜粪便和保障企业与农户在收集中均受益而不吃亏的原则来确立；全部完成年度收集目标补贴 40 元/t、完成年度目标 50% 以上补贴 30 元/t、完成年度目标 50% 以下补贴 20 元/t。收集站职员实行基本工资+绩效激励，即达到月收集目标，则核发基本工资，超额完成月目标按超额数量核发绩效。收集站按照散户运送畜禽粪便的质量，以 80~120 元/t 差别化的价格进行收购，对于规模养殖场则以 80 元/t 协议价定期上门收购，支付方式可以按照台账累计记录以季度或年度为单位进行支付。四是考核奖励激励机制。由市畜牧兽医局牵头成立考核小组，每个季度末对企业上报的畜禽粪便收集处理台账进行抽查、审核和确认，然后由市财政局根据考核结果拨付补助资金。对畜禽粪便收集处理取得良好效果的企业，及时给予物化或精神奖励激励，或将一些试验示范项目优先安排到企业，促进畜禽粪便收集处理的可持续发展。

针对性支持政策，包括五个方面：一是农业农村污染防控人才支持政策。洱海流域散养农户文化水平整体不高，需要强化对当地农村专业环保农业人才的培育，如牛粪的资源化处理可能涉及垫料管理、一些专用工具或设备使用等，要求奶农具有一定的专业化知识，一旦奶农掌握这样的技能，可吸引他们持续使用除污设备和进行粪污清洁化管理，更积极地配合企业全面开展养殖粪污清洁化、资源化的处理与利用工作，在实实在在感受到环保实践的方便性和好处的过程中，增进他们自觉的环境保护行为。二是强化农业农村污染防控财政倾斜扶持激励政策。强化对适度规模养殖户和散养户在粪污适度集中规模化处理设施、维护和技术升级等方面给予的信贷、资金担保的支持力度。给予技术升级支持，如在奶牛防疫技术、品种改良（优先持续提供冻精）技术和清洁饲喂技术等资金投入（包括技术免费统一指导）上倾斜，免费提供牧草种子和补贴 50% 青贮玉米种子费用。对收购规模化养殖场牛奶的乳品企业和收购牛粪的肥料企业给予减免税、无息低息贷款等优惠支持。三是农业农村污染防控基础设施建设（物）等扶持政策。增强对适度规模养殖场地、粪便堆放池、机械挤奶厂房和散养户粪污适度集中规模化处理场地（土地资源）的支持。四是强化规模环保效果的奖励激励政策。要有计划地对所有参与洱海环境保护的涉农适度集中规模经营主体（包括种养企业、合作社）所创造的经济效益、环保效益和社会效益进行绿色经营考核评估，基于清洁生产效果的评价，对效益好的规模户给予及时物化奖励激励和各种媒介大力宣传的精神激励，起到对大众环保行为的引导和引领作用。五是强化散养小农经营者转岗就业生计保障支持政策。加大散养奶农转岗就业生计保障支持。在依托市场逐步淘汰奶牛散养模式的过程中，对不参与适度规模养殖方式的散户养殖实行自我淘汰。要对不再从事散养的奶农给予免费就业技能、知识培训和转岗期生计等保障支持，帮助他们尽快实现再就业。

4.4.3　面向流域尺度农村生活污水污染防控与治理的管理

（1）加强顶层设计，统筹规划，分区分类，梯次推进。

并不是所有的农村地区都要达到生活污水治理的某一标准，这样会导致监管成本过高而无法执行。从国外农村污水设施建设运营情况来看，日本部分农村分散居住，管网不健全，主要以分散式处理系统为主；美国经验也证实分散式处理是农村生活污水处理的发展方向。因此，考虑到建设成本和后期运营维护费用，应由地方政府根据当地情况进行顶层设计，统筹规划，结合不同农村地区人口、用地、水环境等特征，分区分类提升分散设施建设与运营的集中程度，按照因地制宜、经济高效、满足地方农村生活污水排放标准和资源化利用原则合理选取农村污水处理方式，在此基础上制定循序渐进的灵活的推进政策，使生活污水处理的乡村覆盖率大幅度提高，进而使生活污水的处理率得到大幅度提高。例如，因地制宜依次推进城乡接合村，距离街镇建成区较近的村庄，地形地貌规整、居住相对集中、用地较为紧张的规划保留村庄或中心村，规划中近期将迁并的村庄，地形地貌复杂、污水不易集中收集的规划保留村庄和偏远山区村庄的生活污水的处理治理。

对于城乡接合村和距离街镇建成区较近的村庄，可考虑城乡污水处理的标准统一，农村厕所粪污和生活污水统一纳管治理（改厕改水一体化设计；黑灰水一体化处理处置），结合乡村路网建设铺设短距离污水收集管道，就近接入街镇污水管网，将村庄污水纳入街镇污水处理厂统一处理。对于中心村和地形地貌规整、居住相对集中、用地较为紧张的规划保留村庄，可结合农村环境整治工程同步完善村庄道路污水收集管网，建设村庄污水收集处理站等小型污水处理设施进行集中处理（每天处理规模不超过500t）。对于村庄布局规划中近期将迁并的村庄，可选择分散式污水处理方式进行临时过渡处理，处理方式包括小型人工湿地、太阳能驱动污水处理装置等。对于偏远山区和地形地貌复杂、污水不易集中收集的规划保留村庄，可结合生态有机农业基地等项目建设，强化人畜粪便的资源化利用，采用土地处理等相对分散的处理方式分散处理污水。

（2）加大财政投入，政府主导，市场运作，农民参与。

农村生活污水治理的技术模式相对成熟但资金严重不足是各地存在的普遍性问题。农村生活污水治理是公益性的，从中央到地方各级政府理应是农村生活污水治理设施建设运行财政支持的主体。我们习惯于强调加大中央的投入支持和加大省级财政投入，实际上，从省级往下的各级政府也要相应加大财政投入，这样就可以避免在中央或省级支持资金不足的情形下，地方不重视污水的治理。

中央应对各省建立差别化的财政投入机制，兼顾公平与效率问题。对于经济欠发达地区可提高财政的投入比例，重点围绕饮用水水源地和环境敏感区开展农村生活污水处理，采取上、下游生态补偿及以城带乡等方式支持设施建设，集中力量先行解决人口稠密的农村区域污染问题，提高资金使用效率。对于经济较发达地区可适当减少中央财政的投入比例。这种差异化财政投入方式同样也适合各省内采纳。

同时，要多措并举吸引和鼓励民间资本参与农村生活污水的治理，与农村人居环境整治统筹协同，建立多元化的农村人居环境整治的投入机制，推进农村生活污水治理的可持续。

另外，建立向农民适当收费的农村生活污水治理缴费制度。在纳入城市污水管网或建设农村生活污水治理设施的城市近郊区、村镇规划区内的村庄，将农村生活污水治理与水资源利用挂钩，推广农村生活污水治理收费制度，将生活污水处理费包含在水费内进行合理征收。充分发挥村民自治组织作用，征求村民意见，确定污水处理费的征收标准，不足部分由地方财政兜底或鼓励村镇自筹资金补齐，以保障农村生活污水治理设施长效运行。

（3）健全农村生活污水治理法规、标准等制度保障体系。

农村生活污水治理，要结合农村人居环境整体的整治，纳入高水平的小康社会建设，纳入农业农村现代化与全面实施乡村振兴战略的高度，即纳入提升治理体系与治理能力建设中来。只有依法依规、完善的制度和政策才可保障农村生活污水乃至整个农村人居环境的有效高效治理。

加快国家层面关于农村生活污水处理设施管理条例的制定。目前法规方面只有浙江省出台了中国首部农村生活污水处理设施管理领域的省级地方性法规《浙江省农村生活污水处理设施管理条例》，于2020年1月1日起正式实施，对农村生活污水与处理设施的范围、政府部门的建设与监管职责、运行维护单位的行为规范及其与设施使用人的职责界限、当事人的法律责任等内容作了明确规定，填补了农村生活污水处理设施管理的法律空白。建议尽快出台国家《农村生活污水治理管理指南》，明确基本原则、目标、总体要求，提出农村生活污水治理规划、建设、运行维护和监督管理要点，明确各级政府、农民、建设和运维单位的责任义务，加强对各地治理工作的系统性指导。完善农村生活污水治理标准体系，实现水使用许可中的预防性原则。从生活污水处理治理系统的制造、安装、维护、清理、检查等多方面建立完善的技术标准体系。首先应建立国家的农村生活污水治理技术标准，该标准是最低标准。不同地方政府可以根据实际情况，制定适合该地区的农村生活污水处理模式和技术推荐清单。其次，分类制修订农村生活污水治理设施标准和工程技术规范，确定各类设施技术的使用范围、性能参数和治理效果，提高农村生活污水治理的专业化水平，特别强调建立符合农村特点的设计、施工、验收和运维的规范或标准，以避免地方政府对农村环保总体要求定位把握不准，以及管理和技术力量不足，对农村生活污水治理设施的建设要求随意性较大的情形。强化农村生活污水一体化产品及评价标准，强化31个省（自治区、直辖市）已发布的农村生活污水处理污染物排放标准的执行。制定国家《农村生活污水治理规划编制技术导则》，就各地区如何进行现状调查评估，如何与相关规划相衔接、合理确定布局和规模、因地制宜选择治理模式等方面加强技术指导，确保规划编制实施的科学性。

（4）建立健全污水处理治理长效运维机制，尤其是监管机制。

常言道，三分建七分管，表明长效管护管理机制在推动和确保农村生活污水治理有效高效过程中发挥着非常重要的作用。应在政府、村集体、村民等各方建立共谋、共建、共管、共评、共享机制，并通过法律法规的形式，明确各管理主体的强制性责任，确保农村生活污水治理的长效运行。例如，日本的《净化槽法》规定了使用者的强制性责任，确保了净化槽的维护、清理和定期检查的实施。明确强制性责任与督导会商协调机制。首先，通过中央环保督察和生态环境部联合各部门的督导工作，督促地方政府落实责任。例如，建立明确的主要考核评估指标，即重点地区农民聚居点的生活污水治理率提升情况、已建设施正常运转率、农村生活污水治理资金投入和机制保障情况等。其次，省市两级政府将农村生活污水治理纳入城乡生态环境综合整治工作统筹推进。省级出台农村生活污水处理排放标准，市级政府统筹编制城乡生活污水处理规划。再次，进一步明确县级政府建设和运行农村生活污水治理设施的具体责任，即在省市有关部门的支持和指导下，县级政府因地制宜开展污水治理工作，细化农村生活污水治理实施方案，健全已建设施长效运行管理制度，分类别、分阶段完成治理目标。最后，建立各有关部门参加的农村生活污水治理会商协调机制，建立农村环保工作责任清单，确保治理任务的下达和完成无缝对接。

明确第三方运维服务机构、村集体经济组织、村民的权利、义务及责任，以避免农村生活污水治理涉及多个部门（包括农办、环保、水利、住建、卫生等）、建设责任主体多的情况，造成责任主体复杂、管理边界交叉、多头牵制的问题，特别应强化农民群众主体作用得到充分发挥。要建立县级政府责任主体、乡镇政府管理主体、村两委落实主体和农户配合参与主体及第三方服务主体的"五位一体"运维管理体系，保障农村生活污水治理各利益相关方都能发挥应有的作用。

建立健全监管机制，避免监管主体缺失或有而无力。除部分经济较发达地区有条件探索以购买社会化服务方式推行第三方运维管护机制外，还可借鉴日本经验，将专业服务体系分为两类：一类只负责日常维护、清理；另一类负责定期检查。其他地区，地方政府可探索村集体和村民自治管护机制，但要提供专业培训，注重培育专业队伍，对专业人员进行资质认证。建立农村生活污水处理专家支持机制，由各级政府建立专家库，向有需求的县市派遣专家，培养壮大基层技术力量，以实现专业化维护管理，提升监管能力，量化监管考核指标，真正做到监管易于落地生根，不流于形式。而这种监管，应该从中央传递到省、市、县和乡镇，建立起定期、量化长效监督机制，其中，中央部门一年督查1次；省级部门1年督查2次，或每半年督查1次；地市级部门一年3次督查，或每4个月督查1次；县级部门一年中每季度督查1次；有监督，才有质量，才有长效。

（5）加强宣传引导，提高认识，营造良好氛围。

一方面，对各级政府干部要加强农村生活污水治理政策、技术模式、技术标准规范等内容的宣讲，特别是针对基层干部和负责监管的责任主体；另一方面，要充分利用报刊、广播、电视等公共新媒体，积极引导自媒体，宣传中央关于农村环境整治的部署，有效组织动员村民投身人居环境整治中，积极配合农村人居环境的整治。要让村民提高认知，认识到污水治理带来的环境改善直接的受益者是村民自己，分担或投工投劳也体现了每个村民的责任和义务；并明白"谁污染""谁有责"治理的道理。

就农村生活污水治理而言，在厕所粪污与生活杂排水分离处理的情形下，生活污水不再乱排乱放，同时，又不混入厕污以避免影响厕所粪污无害化处理效果。在厕所粪污与生活杂排水协同处理（如一体化处理）情形下，要自觉分担一部分资金支持或采用投工投劳的方式。另外，引导村民社区建设和集体认同感的形成，在提升自我文明行为习惯的过程中，也互帮互助，促进本社区和本村集体文明意识、卫生意识、环境意识的提高，形成村民和村集体（社区）共谋、共建、共管、共评、共享机制，并纳入村规民约，起到互相监督约束作用，营造社区或村整体环境由全体村民共同参与、有序处理治理的氛围。

4.4.4 面向流域尺度农业面源（"种-养-生"）污染综合防控与治理的管理——基于综合模拟与情景分析技术

1. 基本原理

流域面源污染具有随机性大、过程机理复杂、空间异质性强等特点，治理难度大。田间尺度的野外观测和实验可为面源污染治理提供科学依据，但在流域尺度，难以建立大范围、重复可控的观测和实验环境，而通过流域系统模型对流域面源污染过程及其对管理措施的响应进行定量模拟，可有力拓展田间观测和实验结果的时空尺度，在无须大范围实地观测的情况下识别污染物来源、理清污染物迁移转化过程、评估管理措施的环境和经济效益，辅助管理决策。

a. 面向农业农村污染控制的流域系统综合模型构建。

为有效模拟南方丘陵区流域农业农村污染过程，模型应具备以下三大特点：①水文、土壤侵蚀、作物生长和养分循环多过程耦合；②体现区域内水稻灌溉、排水等特殊的水文过程；③具有所需的管理措施模块，能够灵活集成其他成果，建立相应的污染治理模块，以描述不同的污染管理措施对农业农村污染的控制作用。

为此，该技术自主研发了一个以栅格为基本模拟单元的分布式流域系统综合模拟框架 SEIMS（spatially explicit integrated modeling system），图 4.5 为模型的基本空间结构示意图，每个模拟单元垂直方向有植被层、土壤层（根系层）和地下层，可进行独立型子过程的模拟，如截留、蒸散发、作物生长等，栅格间根据流向算法形成树形汇流网络，从上游至下游连接，以精细模拟水流、泥沙和污染物在空间上的迁移过程，图 4.6 为模型涉及的主要子过程。此外，SEIMS 模型根据流域过程模拟计算特点（子流域模拟之间相对独立，仅有少量数据交换，子流域内部栅格尺度上的计算存在上下游依赖），设计了"子流域-栅格"双层并行计算策略，可有效提高模型运行效率。

SEIMS 模型采用模块化设计，每个子过程模拟方法对应一个独立的模块，主程序通过配置文件构建整个模拟工作流。根据研究区特点，选择刻画流域农业农村污染所涉及的水文过程、侵蚀过程、植被生长和养分循环过程，以长时段（日尺度）模拟方法为主，具体如下。

坡面汇流算法采用基于流路的瞬时单位线法（instantaneous unit hydrograph，IUH），壤中流汇流采用基于运动波假设的逐栅格汇流方法，河道汇流采用马斯京根法。

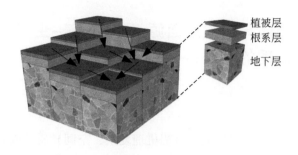

图4.5　SEIMS模型空间结构示意图

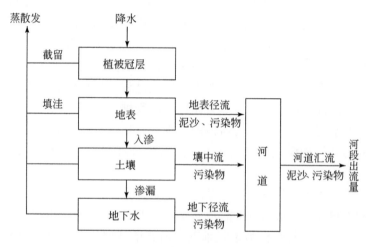

图4.6　SEIMS模型中主要子过程模拟流程

　　土壤侵蚀造成的水土流失是农业农村污染的重要来源，模型考虑坡面侵蚀和河道侵蚀，前者采用修订版通用土壤流失方程（MUSLE）计算空间单元上的土壤侵蚀量，并利用瞬时单位线进行泥沙坡面输移演算，后者则利用简化的Bagnold水流功率方程进行河道侵蚀及汇流计算。

　　植被生长模块主要考虑植物光合作用、呼吸作用、蒸腾作用、根系对养分的吸收等过程，采用简化的EPIC模型计算，其中，光合作用过程的计算借鉴光能利用效率经验公式，蒸腾作用过程的计算采用潜蒸散发与叶面积指数的经验公式，潜在/实际蒸散发采用Priestley-Taylor公式计算等。

　　养分循环模块包括氮的硝化、反硝化、氨化、矿化及磷的矿化等，采用SWAT模型中的相应方法计算，养分元素的物理迁移主要考虑溶解态和泥沙吸附态两种类型，其坡面和河道汇流分别依赖于水和泥沙的汇流计算，养分在河道内的转换借鉴 QUAL2E 方法。

SEIMS 模型中对管理措施效应的体现方式包括污染物削减率法、经验方程法和物理过程模拟法。例如，猪场发酵床措施直接设置污染物削减率，农田养分控流失措施则通过调整施肥结构和施肥量影响模型的模拟结果，该模型在 SWAT 模型的基础上考虑水田灌排水等农田管理措施、调整水田模拟的概化形状（锥体改为立方体）、考虑犁底层对水文过程和养分迁移过程的影响，以更符合区域的水文特点（图 4.7）。

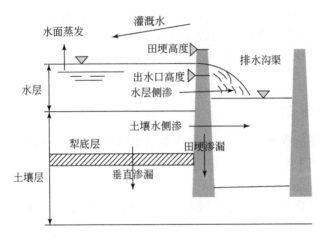

图 4.7　水田水文过程示意图

b. 融合专家知识的管理措施情景优化。

管理措施情景分析是在管理措施知识库（确定管理措施类型、参数和空间配置知识）的基础上，在空间上配置不同的管理措施组合（一种管理措施情景），并运行流域模型评估经济效益和环境效益。

首先，确定管理措施类型（如点源措施和面源措施）和相关参数（如污染物排放削减率）及空间配置位置信息，建立示范区农业农村污染控制措施库；然后以坡面上具有上下游关系的地块单元作为管理措施配置单元，结合管理措施知识库，自动生成不同类型、不同空间配置的面源污染治理情景；最后，采用遗传算法（NSGA-II）进行多目标评价（如污染物负荷、经济投入），找出经济效益较优、污染治理较好、更具地学意义的情景集，以供管理决策参考。

管理措施空间配置知识库是指导管理措施空间配置及优化的依据，在根据水流路径确定了点源和（或）面源间的上下游关系的前提下，考虑的具体配置关系如下所述。

a）点源措施与面源措施的空间配置关系。

当点源包含于面源：若点源配置措施，则面源配置措施，如配置点源措施的养殖场周围的农田和蔬菜大棚采取生态种植技术，体现"种养一体化"的理念。

当点源与面源相邻：若点源位于面源上游，则面源配置措施，以方便养殖废弃物就地取材进行资源化利用。

b）面源措施与面源措施的空间配置关系。

若上游农田（如果存在）没有配置措施，则下游农田配置措施，比如在上游农田采取传统种植方法，下游农田尽可能采取生态种植方式，以此尽可能减少污染物流向河道的量，加强农田措施的治理效果；若上游农田配置了措施，则下游农田随机选择是否配置措施。此外，与河道相邻且流向河道的农田均配置生态种植技术措施。

2. 工艺流程与技术参数

该技术应用流程包括三个方面：准备流域基础数据库、构建流域模型及情景优化。以店埠河上游小流域为例进行具体阐述。

a. 准备流域基础数据库。

研究区基础数据库是构建流域模型的基础，主要包括空间数据、气象数据、观测数据和管理措施数据等。

空间数据包括流域数字高程模型（DEM）、河网、流域出口、土地利用和土壤类型数据等。其中，流域 DEM 根据安徽省测绘局测绘编制的 1∶10 000 地形图数字化后插值获取，土地利用图由安徽天地图影像目视解译获取，土壤类型图由肥东县土壤肥料工作站编绘的肥东县土壤图数字化得到，空间数据统一分辨率为30m。气象数据包括降水、气温、太阳辐射等。其中，基础气象数据来源于中国气象数据网的合肥站；降水数据来源于安徽省水文遥测信息网，包括研究区周围的 5 个站点，气象数据时间跨度均为 2013 ~ 2015 年，分辨率 1 天。观测数据包括流域出口流量和水质（化学需氧量、总氮、总磷等）。由于研究区没有长期观测的水文水质站点，所以采用流速仪在流域出口断面实测了若干流量值及水质数据用于模型率定。管理措施数据主要包括作物管理措施和点源污染管理措施，作物管理措施即根据传统种植技术和农田养分控流失的生态种植技术设置不同的施肥管理参数，点源污染管理措施则根据示范工程第三方检测报告设置污染削减率。

b. 构建流域模型。

根据前述模拟方法构建模型并进行参数率定。模型参数率定期设置为 2013年 1 月 1 日至 2014 年 12 月 31 日，步长为 1 天，首先根据流域出口径流观测值对水文参数进行率定，其次根据水质观测值对污染物相关参数进行率定，表 4.2 为率定的主要参数。

表 4.2　店埠河上游小流域模型率定主要参数

参数名	含义	初始值	范围	率定方
gw0	初始地下水含量（mm）	100	[0，50 000]	−50
gwrq	地下水出流（或基流）(m³/s)	0	[0，100]	+0.009
chs0_ perc	初始河道蓄水比例	0.05	[0，1]	+0.05
K_ pet	潜在蒸散发系数	1	[0.7，1.3]	−0.3
Runoff_ co	潜在径流系数	空间数据	[0，1]	×2
VelScaleFactor	河道长度校正系数	1	[0.5，1.5]	−0.5
USLE_ K	土壤可蚀性因子	空间数据	[0，1]	×0.5
cod_ n	COD 转换系数	6.5	[1，6.5]	−5.5
nperco	氮渗漏系数	0.5	[0，1]	×0.005
sdnco	反硝化的含水量阈值	1	[0，1]	×0.8
pperco	磷渗漏系数	10	[10，17.5]	+7.5
phoskd	磷土壤分配系数	175	[100，200]	+25

以径流为例，图 4.8 为 2014 年流域出口径流率定期结果，NSE 系数达到 0.90，R^2 为 0.97，水文模拟效果良好；此外，总氮、总磷的率定期 NSE 系数分别为 0.60、0.71，R^2 分别为 0.90、0.94，养分循环模拟效果较好，可以利用该套模型参数进行下一步情景分析。

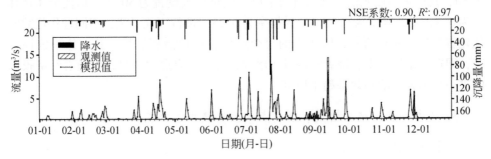

图 4.8　店埠河上游小流域率定情景出口径流模拟结果

c. 情景优化。

为评价污染治理效果，拟定工程示范情景与基准情景进行对比，工程示范情景即流域内猪场和牛场实施工程措施、示范区农田采用养分控流失种植、生活污水进行净化处理。模拟结果分析如表 4.3 所示，工程示范情景较未实施工程的基准情景，COD、TN 和 TP 的污染物负荷削减分别为 2496.8t、313.1t 和 51.2t，削减率分别为 75.94%、70.56% 和 65.39%。流域模型主要模拟污染物随水流的迁移、转化，尚无法对固体废弃物资源化利用工程的削减效益进行模拟，如化肥厂、蚯蚓养殖、蘑菇种植和农村垃圾回收等，这部分的 COD、TN 和 TP 分别削减 611.43t、120.15t 和 61.75t。因此，通过模型模拟与统计计算，示范工程实施后，能够实现对 COD、TN 和 TP 的削减量分别达到 3108.26t、433.22t 和 112.93t。

表 4.3　店埠河流域情景分析结果

项目	化学需氧量	总氮	总磷
基准情景（t）	3288.07	443.70	78.27
工程示范情景（t）	791.24	130.63	27.09
污染削减（t）	2496.83	313.07	51.18
削减率（%）	75.94	70.56	65.39

为探讨合理的流域治理情景，以情景措施的污染负荷模拟值和情景实施的经济成本为优化目标，根据店埠河上游小流域具有上下游关系的地块（作为农田措施管理单元，共 201 个）和点源（猪场、牛场和潜在生活污水处理点，共 31 个）自动生成治理情景，通过模型分析进行治理情景的多目标优化。

通过优化算法进行情景优化时，设置优化算法的种群规模（初始情景数量）为 60，其情景均按照前述规则自动生成，优化代数设置为 50 代，每代个体选择率为 0.8，交叉概率为 0.75，变异概率为 0.25，进行逐代寻优，不同进化代数的优化解集如图 4.9 所示，解集中的每个点代表一种治理情景，其总体呈线性分布，即在一定程度上，随着经济投入增加，治污效果愈加明显，但随着经济投入的进一步加大，治污效果趋于稳定。

3. 技术特点、技术增量、创新点及主要技术经济指标

a. 技术特点。

该技术构建了一个以栅格为基本模拟单元的分布式流域综合模拟框架，在此基础上考虑水稻区水文过程的特点研发了适合于南方丘陵区的流域农业农村污染模型，并通过并行计算技术提高模拟效率，具有较强的开发和应用价值。考虑管理措施上下游关系的情景优化方法是该技术的另一特色，通过划分在自然过程上

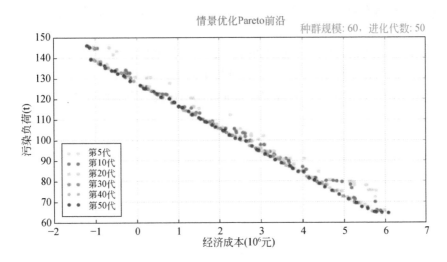

图 4.9　店埠河上游小流域优化结果

存在上下游影响的管理单元，结合管理措施配置的空间知识，能够使得管理措施情景更具地学意义，提高优化效率。

b. 技术增量。

a）考虑了水稻区特殊的水文过程（如灌溉排水活动、犁底层影响等）。

b）充分利用子流域和栅格层次的计算特点设计了"子流域–栅格"双层并行计算框架，提高了计算效率，该技术已获授权专利一项"一种集群环境下分布式水文模拟的并行化方法"。

c. 创新点。

a）考虑水稻区水文过程特点、多过程耦合的分布式流域面源污染模型构建：综合考虑水文、土壤侵蚀、植被生长和养分循环等与面源污染相关的多个过程，并结合研究区水田等特殊地物对模拟方法进行改进，较现有方法能更合理地模拟研究区的面源污染过程。

b）考虑管理措施空间相互作用的多目标情景优化：以具有上下游关系的坡面地块单元作为管理措施配置单元，能够体现流域内部的空间异质性和单元间的相互作用关系；在情景设计时融入先验知识，利用管理措施间的空间配置约束关系指导治理方案的设计，从而能够得到经济效益较优、污染治理较好的治理方案。

d. 主要技术经济指标。

该项技术经济投入较少，主要特点如下：

a）基础地理数据库构建可充分利用现有免费数据源，如数字高程模型

（30m）、全国气象站点数据等，对流量、污染物浓度等缺测数据可展开实地定点观测。

b）管理措施数据可通过实地调研、文献、其他结论等途径获取。

c）模型可在普通计算机上或集群环境下高效运行。

技术来源单位：中国农业科学院农业环境与可持续发展研究所。

第5章 | 污染过程减排技术

源头减量虽然能有效减少污染物的产生量，但不能完全控制污染的产生，这就要求在污染物向水体迁移过程中实施生态拦截等技术，增加污染物在陆地的停留时间和迁移路径，进一步对污染物中的氮磷养分进行回用，减少其向水体的迁移，实现污染物的过程减排，从而最大限度减少面源污染对水体环境的风险。

污染过程减排技术包括大田多重拦截、高效腐熟菌剂、堆肥技术与装备等。其中，种植业污染过程减排技术包括南方水田的径流/淋溶减排、生态沟渠的建设布局、尾水排放的优化设计等，畜禽养殖业污染过程减排技术包括高效堆肥技术模式及设备、功能性高效降解复配菌剂研发、农业废弃物一体化处理技术和产品等，农村生活污水污染过程减排技术包括因地制宜的污水处理工艺和设备研发等技术重点。应统筹种植业、养殖业和农村生活污染过程减排。

5.1 种植业方面

5.1.1 农田尾水生态沟渠与缓冲带联合净化技术

在对大理市农田面源污染现状的特点进行考察和分析的基础上，通过相关的资料收集、实验分析和可行性分析，提出利用生态沟渠与缓冲带联合净化的技术处理农田的尾水以降低悬浮物含量、N 和 P 含量的技术措施。

该技术措施首先利用格栅、沉淀池的拦截作用，其次通过种植的水生经济作物，增加沟渠生物量，强化对 N、P 的去除能力，最后通过复合填料透水坝的填料介质及其上附着的微生物的物理、化学、生物联合作用，进一步去除农田尾水中的 N、P 含量，从而实现农田尾水生态净化。

应用该技术在大理市上关镇的示范区农田内，新建长 240m、宽 1.8m 的生态沟渠，改进长 1800m、宽 0.4m 的生态沟渠，服务农田约 2000 亩。生态沟渠进、出水 TN 多次平均去除率为 26.1%，TP 多次平均去除率为 22.7%。

技术来源单位：中国农业科学院农业资源与农业区划研究所。

5.1.2 农田排水污染物三段式全过程拦截净化技术

1. 基本原理

针对现有农田排水处理技术仍无法有效解决有限空间和处理效率间的矛盾、技术自身完整性及系统性仍显不足等问题，从农田排水污染物的发生区域、迁移路径、排水去向入手，实施近源拦截（农田排水口促沉净化装置）—输移控制（生态沟渠）—末端净化（生态塘、湿地、生态支浜）的三阶段过程拦截净化，提高拦截系统处理效率和耐冲击负荷能力，稳定系统出水水质。技术系统的关键在于在传统农田面源污染物拦截净化技术的基础上，增加了近源拦截工艺，并总结提炼了农田面源污染治理的实用工艺和路线。

2. 工艺流程

工艺流程为"近源拦截—输移控制—末端净化"。

a. 近源拦截：在污染物产生区域进行近源拦截，设计占地面积小、处理效率高的不同类型促沉装置，实现对农田排水的初步拦截和净化。

b. 输移控制：在污染物迁移路径上设计不同形态及结构的生态沟渠，提高生态沟渠处理效率，并与近源拦截在空间上进行有机衔接，提高出水稳定性。

c. 末端净化：在污染物输出的水体上，通过构建湿地、生态塘及生态支浜，对最终排水进行稳定净化，并与农业生产紧密结合，做到污染物（养分）的再利用。

3. 技术创新点及主要技术经济指标

技术系统包含了三个层次的拦截与净化，即近源拦截—输移控制—末端净化。技术成果的创新点和优势体现在以下几个方面。

a. 系统总结了农田排水污染物全过程拦截技术工艺，使今后类似研究与工程均在本工艺框架内进行，实现工程设计在工艺理念上的有的放矢，避免分散设计造成的效果无法预期，即为类似工程建设提供了切实可行的设计工艺，具有极强的针对性和可操作性。

b. 首次提出了"近源拦截"工艺段，完善了农田排水污染物过程拦截的整体性和系统性。该工艺段一方面可提高总体工艺的处理效率，另一方面可对排水进行预处理，减轻后续工艺的冲击负荷。

技术系统应用参数：太湖流域平原河网种植业区域（稻麦轮作），每百亩农田设计 2～3 套（据实际田块排水而定）促沉装置，装置有效容积 $V \geqslant 2.0\text{m}^3$，以半圆形为主，设计高标准生态沟渠 160～180m，生态沟渠深度 $H = 1.0～1.3\text{m}$，设计末端净化湿地 700～1000m^2（区分水量及成本补偿等自然设计）。系统对主要污染物的 $NH_3\text{-}N$、TN 拦截净化率可达 50%，TP 40%，SS（悬浮物）65%，COD_{Mn} 20%；系统出水 50% 时间内 TN 浓度小于 2.0mg/L。

技术应用中，每百亩建设成本约 5.7 万元。其中，促沉装置 0.8 万元；生态沟渠 3.0 万元；净化湿地 1.9 万元（如对应支浜进行生态化改造，则增加该部分成本）。

4. 实际应用案例

该技术系统在宜兴市周铁镇棠下村区域种植业污染物联控综合示范工程中进行了应用，示范区总规模约 3000 亩，分别针对 6 个地块进行污染物过程拦截工程建设，包括不同类型促沉装置，新建或改建生态沟渠，末端净化湿地及生态支浜建设等。示范工程第三方监测结果表明，核心控制地块农田排水总氮平均削减率达到 55%，且在 60% 时间内总氮出水浓度小于 2.0mg/L；从跟踪监测的结果看，末端净化湿地工程前后总氮下降比例平均为 46.0%；支浜生态化改造工程前后总氮降低比例平均为 37.6%。技术系统效果明显，达到了设计预期和工程考核目标。

技术来源单位：上海市农业科学院。

5.1.3 基于减量和循环利用的稻田污染减排与净化技术

该项技术针对太湖流域的稻田实际生产情况，充分挖掘稻田这一人工湿地的功能，结合太湖污染治理的需求，根据稻田离河湖的远近，有针对性地提出了不同的稻田污染减排技术。在太湖流域一级保护区或沿河/湖区域，采用轮作制度调整技术；在非沿河/湖区域的稻麦轮作田，采用基于叶色的按需施肥技术或新型缓/控释肥技术；在邻近菜地、桃园或农村生活污水处理工程、重污染河流（无其他重金属等污染）的稻田，采用稻田人工湿地的低污染水净化技术。

应用该技术在核心示范区无锡市胡埭镇龙延村进行了技术示范，稻麦轮作改为水稻–紫云英轮作，紫云英还田，稻季施肥 150kg N/hm^2，水稻产量平均为 507kg/hm^2，比常规稻麦轮作农户施肥模式（483kg/hm^2）平均增产 5%，并能减少 TN 的环境排放量 13.5kg/($\text{hm}^2\cdot\text{a}$)，减排 56.2%。稻麦轮作田，稻季采用按需施肥技术，水稻产量和收益与农户对照基本持平，但氮肥用量减少至 153kg/hm^2，稻季氮环境排放量减少 40% 左右；麦季采用有机无机减量施肥技术（总氮用量 180kg/hm²，有机肥占 20%），产量与农户对照持平，可减少氮肥投入 30%，减少氮向水环境排放 25%~30%。利用稻田湿地消纳环境中养分的技术示范结果表明，稻季可消纳环境来源（低污染水）中的 TN 约 93kg/hm²，TP 约 8.8kg/hm²。对低污染水中 TN、TP 的去除率平均为 72% 和 91%，稻田排水 TN 稳定在 2mg/L 以下，TP 在 0.2mg/L 以下，达地表水 V 类水标准。水稻仅前期施氮 60kg/hm²，产量可达农户对照产量的 90% 以上。

技术来源单位：中国科学院南京土壤研究所。

5.1.4　三峡库区小流域农业农村污染多重拦截和系统消纳技术

1. 基本原理

三峡库区以山地、丘陵夹沟谷的地形、地貌为主，旱坡地分布在山地、丘陵的中上部，水田分布在丘陵的下部与沟谷，由于"蓄清排浊"的运行方案，三峡水库形成一个水位落差达 30m 的消落带，加之小流域是以种植业为主，旱坡地利用方式为玉米-榨菜轮作，水田利用方式为水稻-榨菜轮作，其农业农村污染物来源主要是旱坡地流失的氮磷及居民点分散型的生活污水、垃圾及畜禽粪便。针对三峡库区小流域地形地貌特征、土地利用方式及典型种植模式等特点，将农村居民点（分散型）—旱坡地和柑橘园—水田—消落带多重拦截与消纳农业农村污染物技术耦合应用，构建高效农业农村污染防控模式。该系统将从源头减少面源污染物的输出，在过程阻断环节构建旱坡地和水田系统的生态工程拦截与消纳体系，利用吸收氮磷的植物体系削减消落带氮磷库存以实现终端调控，使进入库区水体的面源污染物降低至最低水平。

2. 工艺流程和参数

技术流程为"农村居民点（分散型）—旱坡地和柑橘园—水田—消落带多重拦截"。具体如图 5.1 所示。

采取源头控制、过程阻断和终端调控相结合的综合防控思路，利用农田氮磷减控施肥关键技术，旱坡地面源污染物生态工程拦截技术，水田生态系统拦截和消纳农业农村污染物关键技术，消落带氮磷生物消纳技术，分散型畜禽、种植业废弃物污染负荷削减与资源化利用技术体系多重拦截与消纳农业农村污染物。

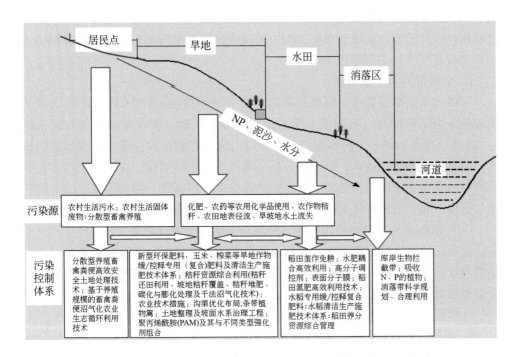

图 5.1　三峡库区小流域农业农村污染多重拦截和系统消纳技术

3. 技术创新点及主要技术经济指标

技术主要创新点如下。

a. 农田水肥高效利用。

针对三峡库区气候、地形、地貌、土壤类型和农业利用方式，探明农业氮磷面源污染发生特征，利用养分资源综合管理、新型环保肥料、表面分子膜、氮磷减量精准施肥等技术，进行基于农田水肥高效利用的技术集成。

b. 旱坡地面源污染物生态工程拦截。

三峡库区旱坡地由于垦殖过度、复种指数高与耕作管理粗放，成为库区水土流失和养分流失的主要发生地。从旱坡地降水的就地拦蓄、实现降水资源化的生态工程关键技术研究着手，利用条带植物篱、高分子调控剂、保护性耕作等构建旱坡地面源污染物生态工程拦截体系，以土壤水库、生物水库和工程水库的建设为基础，进行旱坡地水肥耦合高效利用技术集成。

c. 水田生态系统拦截和消纳农业农村污染物。

水田系统是具有较高生产力和养分吸纳能力的人工湿地生态系统，水田独特的结构体系具有拦截流域水、土、养分流失的功能。在三峡库区水田生态系统拦截和消纳农业农村污染物质的机理、途径、负荷研究的基础上，进行提高水田生态系统拦截和消纳农业农村污染物能力的关键技术及水田生态系统消纳农村生活污水与农业废弃物的关键技术集成。

d. 消落带氮磷生物消纳。

三峡水库消落带是库区径流氮磷的"汇"，同时也是水库水体氮磷的"源"。削减消落带氮磷库存，可降低水库水体富营养化风险。消落带落干期为每年的5~10月，正是本地光、热丰裕的时期，利用这一有利条件，筛选吸收氮磷的作物，研究配套的管理技术，以消纳最后汇入消落带中的氮磷，在消落带拦截氮磷的同时，获得一定的经济效益。通过构建库岸生物拦截带，结合消落带的合理利用与管理，建立消落带氮磷生物消纳技术体系并进行集成。

e. 分散型畜禽、种植业废弃物污染负荷削减与资源化利用。

针对三峡库区分散型畜禽、种植业废弃物污染的特征，进行秸秆资源综合利用的关键技术及循环利用模式研究，分散型畜禽粪便沼气、堆肥处理技术研究和分散型畜禽粪便的资源化利用技术集成。

主要技术经济指标如下。

a. 该技术通过农村居民点（分散型）—旱坡地—水田—消落带多重组合来拦截与消纳农业农村污染物，可以有效地利用土地，发挥土地的粮食生产能力，实现降水资源化利用，保持水土，同时可以延长污染水体在迁移转化过程中的停留时间，增大水与土壤的接触面积，可以更高效地拦截和消纳农业农村污染物。实验数据表明，采用该技术后，实验区内氮磷肥投入量降低20%，畜禽粪便减少排放60%以上。

b. 该技术具有高效率、低投入的特点。该技术具有很强的水土流失治理功能、面源污染防治功能及部分景观建设与改善功能，可有效防治三峡库区水土流失和面源污染。泥沙流失降低80%，径流损失降低40%，富营养化物质的流失量控制在临界值内；面源污染物截纳率，总氮为60%、总磷为70%。农业废弃物资源化回收率达到60%以上。该技术可为三峡库区农业农村污染控制战略决策提供科学依据，从而可有力地促进库区生态与经济的同步建设和协调发展，形成经济发展与环境保护的良性循环。

4. 实际应用案例

在重庆市涪陵区珍溪镇渠溪村王家沟小流域建立了面积为2.17km²的中试基地，利用条带植物篱、高分子调控剂、保护性耕作等构建旱坡地面源污染物生态工程拦截体系，以土壤水库、生物水库和工程水库的建设为基础，进行旱坡地水肥耦合高效利用技术集成。拦截水田水土流失及氮磷养分流失。针对三峡库区分散型畜禽、种植业废弃物污染的特征，进行秸秆资源综合利用的关键技术及循环利用模式研究，分散型畜禽粪便沼气、堆肥处理技术研究和分散型畜禽粪便的资源化利用技术集成。进行固体废弃物的拦截。通过这些技术可有效防治三峡库区小流域水土流失和面源污染，目前示范区坡耕地泥沙流失降低了80%，径流损失降低了40%；富营养化物质的流失量控制在临界值内；面源污染物截纳率，总氮为60%、总磷为70%；农业废弃物资源化回收率达到60%以上。

技术来源单位：西南大学。

5.1.5 稻田生态阻控沟渠与退水循环利用集成技术

1. 基本原理

通过基质改良、结构重塑、流态调整、节点控制、生物组配等多种措施，提高稻田退水沟渠生态系统的生物活性，增加沟渠水流的雷诺数和曼宁系数，增加沟渠边坡水利粗糙度，强化对氮磷的阻控效果；利用退水沟渠与田埂间的可用土地，构造田间镶嵌型灌–排（灌）系统，提高退水循环利用效率，间接减少氮磷输出总量。

该关键技术集成由两个关键技术组成。

关键技术一：稻田退水阻控与净化沟渠构建技术。

关键技术二：稻田排灌体系改造与退水循环利用技术。

2. 工艺流程

沟渠结构参数：沟宽0.5~1.0m，沟深0.5~1.5m，在底部铺设5~10cm厚的基质（火山岩尾矿渣+炉渣+原土，炉渣比例不低于15%），底部倾角120°~140°，距离沟渠底部0.5~0.8m处土培小平台，也可外覆有机生物混凝土，小平台宽度0.2~0.4m，铺设同底质基质；植物整形，芦苇种植密度6~8cm/株，连植5m，香蒲种植密度5~7cm/株，连植4m，沿沟渠水流向每隔4m种植；每年11月和4月，清除坡底淤泥等杂质，加固坡面，添加底部和小平台基质。

截蓄水结构（图5.2）：布置在田块排水侧，施工完成后，恢复沟渠坡面，达到蓄水、灌排、田间耕作互不干扰的效果；截蓄水结构位于单块条田的低洼地带，砖砌形式，砌筑矩形过水结构，水流可向排水和蓄水井内输送；截蓄水结构由蓄水井和封盖组成，采用预制混凝土管，内径1m，有承插口结构，深2~3m；截蓄水结构输水道（图5.3）连接进水口和井管，砖砌，断面矩形；根据秧苗生长发育不同时期的需水情况，结合实际降水量，采取可移动式柴油泵抽水灌溉。

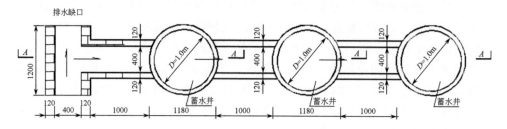

图 5.2　截蓄水组合结构布置示意图（单位：mm）

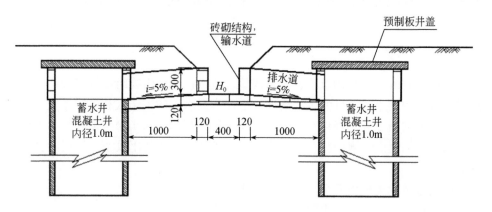

图 5.3　输水道立面图（单位：mm）

3. 技术创新点及主要技术经济指标

双梯形剖面沟渠改善了水流态，雷诺数从 596～615 增加到 637～642，提高了湍流度，强化上层水体补氧，促进硝化作用；采用火山岩尾矿、煤炉渣和土壤掺杂改良基质，增加沟渠强度，抗冲刷，大幅增加吸附活性和容量，为生物降解提供了条件；对沟渠芦苇和香蒲进行生态形态修整，形成植物水墙，增加水力阻力，造成局部湍流，强化植物根系作用。回灌系统在稻田边坡施工，不占农田，不干扰机械种植收割，蓄水结构安装完成后，边坡可恢复；施工工艺简单，主材为水泥、粗砂、砖、1m 内径井管，小型挖掘机即可施工，4 月初施工，工期 3 天；蓄水量自由调节，管理灵活，满足区域性、时段性补水操作，缓解生产时等水、抢水、缺水矛盾；北方水稻种植全生长期需补水 4～6 次，取水方便，受干扰程度小。

回灌可使水利用效率从 0.50 提高至 0.65，水利用效率提升 30%；双梯形阻控沟渠可使稻田退水氨氮从 9.2～14.5mg/L（施肥期）降低到 6.5～8.5mg/L，非施肥期从 4.5 ~ 6.4mg/L 降低到 2.5 ~ 3.0mg/L；总磷浓度可从 1.0mg/L（平均值）降低至 0.35 ~ 0.40mg/L。

4. 实际应用案例

应用情况：该技术已在"方正县蚂蚁河灌区现代农业高标准农田项目"的实施中得到了示范应用，具体应用标段为团结现代农业高标准农田建设工程，秋然水稻生产区沟渠改型与退水回灌工程。在蚂蚁河西岸灌区，根据稻田地貌和水文的实际情况，在双龙灌渠和蚂蚁河灌渠之间垂直等高线构筑若干导流渠，将双龙灌渠（高位等高线）灌溉退水导流蚂蚁河灌渠（低位等高线），实现退水二次灌溉；在蚂蚁河东岸灌区，在精确计算稻田需水量的基础上，将灌区分割成若干水文相对封闭的小区块，根据单位面积需水量，构筑若干田间蓄储井，收集退水，根据需要回灌。通过上述技术的示范推广，将蚂蚁河灌区水利用效率从原来的 0.50 提高至 0.65，退水回灌率达到 30%。在重新测定原有退水沟渠阻滞系数和水力粗糙度的基础上，将二级、三级退水支渠渠型结构优化为双梯形断面，将一级干渠坡角从原来的不规则坡角优化为 42°，底宽从原 1.0 ~ 1.2m 拓宽至 1.8 ~ 2.0m，顶宽从原 1.5 ~ 1.8m 拓宽至 2.5 ~ 2.8m。通过上述技术的示范推广，蚂蚁河灌区稻田退水中 N、P 浓度可分别从 6.5mg/L（平均值）、1.0mg/L（平均值）降低至 2.5 ~ 3.0mg/L、0.5 ~ 0.6mg/L，满足进入下游河滩湿地的水质要求。

技术来源单位：东北大学。

5.1.6　农田氮磷面源污染控制与回收利用技术

针对海河下游沟渠建设功能混乱及河岸带生态功能退化等造成的减排控制难、面源治理和水利功能脱节等问题，研发了北方平原灌区农田氮磷面源污染控制与回收利用技术（图 5.4），包括沟埂系统生态化、生态沟渠氮磷养分截留净化、农田退水循环利用等核心环节，突破了沟渠灌溉排水效率与生态环境效应相耦合的技术瓶颈，解决了沟渠边坡生态化和面源截留净化循环利用多功能复合的技术难点，耦合了主副田埂–毛沟–支沟不同灌排系统格局的串联式农田退水循环利用技术系统，突破了北方平原区农田退水滞留时间不足和净污能力有限的技术难题，建立了生态护坡和植被过滤带，形成了链条式生态节水及污染净化循环利用型关键技术，全过程、全方位、多时空逐级削减农田退水面源污染，为实现灌区灌排有效衔接、水肥节约高效利用等水利功能与氮磷截留和水质净化循环利用等生态功能的耦合提供了技术支撑。

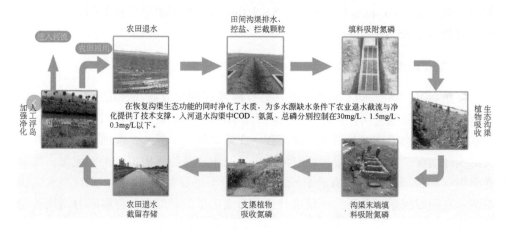

图 5.4 农田氮磷面源污染控制与回收利用技术

该技术已在山东滨州试验示范区应用（图 5.5，图 5.6），建立了多源缺水条件下农业退水生态截流净化与循环利用技术及 5km 以上的退水生态系统联控与自净能力提升技术应用示范区，实现技术示范区退水沟渠氮、磷削减 30% 以上，COD 削减 50% 以上，退水回灌率提高到 70%，实现入河退水沟渠中 COD、氨氮、总磷分别控制在 30mg/L、1.5mg/L、0.3mg/L 以下，有效地解决了北方平原灌区面源污染物对河流水体的污染问题，实现了种植业区灌溉、排洪、节水、净污等多目标统一。

图 5.5 山东滨州试验示范区概览

图 5.6　山东滨州试验示范区工程情况

技术来源单位：中国农业科学院农业环境与可持续发展研究所、山东省科学院。

5.2　养殖业方面

5.2.1　奶牛粪便快速干燥堆肥技术

1. 基本原理

奶牛粪便快速干燥堆肥技术通过添加氧化钙或过氧化钙，改变原有堆肥工艺机制。利用氧化钙或过氧化钙与水反应的化学效应，提高堆肥起始温度，升温速度快，延长高温腐熟期，为好氧微生物提供优质生存环境等，达到堆肥快速升温、高效脱水、迅速进入高温期、腐熟更彻底、缩短堆肥周期的目的。

2. 工艺流程和参数

技术路线为"配料—充氧—升温—腐熟—精细化—陈化生产"。

a. 配料：有机堆肥起堆时按一定配比将鲜畜禽粪便、烟末、氧化钙或过氧化钙、发酵菌剂及部分返料使用装载机进行混合起堆。

b. 充氧堆肥：起堆后，从第二天起用翻抛机对堆体按每日一次频率进行充氧返堆，连续翻抛 3 次之后将堆体移入升温堆肥区。

c. 升温堆肥：堆体升温至≥60℃，对堆体进行翻抛，确保堆体能在翻抛后12h 内立即升温至≥60℃，将堆肥转移至腐熟堆肥区。

d. 腐熟堆肥：腐熟堆肥期间，整个堆肥每隔 1 天进行一次翻堆，堆体进行4~5 次翻堆，堆肥温度在翻堆后不能升至 60℃后，将堆肥转移至精细化堆肥区。

e. 精细化堆肥：在腐熟堆肥完毕后，将含水率为 30%~45% 的堆肥进行除杂破碎筛分，破碎筛分后将堆肥转移至精细化堆肥区进行为期 5 天的堆肥过程（其间进行 2~3 次风干细化翻堆），之后进行腐熟陈化配料流程。

f. 陈化生产：经过精细化堆肥的堆体，经过检验分析堆肥品质后，适当调配好各元素比例，将堆肥风干陈化后，准备生产。

3. 技术创新点及主要技术经济指标

技术创新点：从堆肥的主要影响因素温度、水分、好氧环境入手，提出添加氧化钙和过氧化钙改善堆肥工艺。氧化钙或过氧化钙的添加对起始温度的升高和高温期的延长、水分的快速降低、好氧环境的提供、堆肥周期的缩短有明显的促进效果。

技术经济指标：

a. 高含水率奶牛粪便加入生石灰后，5 天堆体温度便达 60℃，腐熟过程耗时仅 27 天；根据养殖废物快速干燥堆肥技术得到的有机肥产品，有机质含量为60.93%，有机质的损失为 11.89%（与常规堆肥方法的 11.81% 接近），N、P、K 的含量分别为 2.3%、2.1%、3.2%，已达到有机肥产品质量标准，与常规堆肥方法得到的产品相比，该技术得到的产品的 P 含量比常规堆肥方法的产品增加了 40%。

b. 高含水率奶牛粪便堆肥进入中温阶段后加入过氧化钙，提前 5 天进入高温腐熟阶段，并且高温腐熟阶段由原来的 20 天增长到 25 天；堆肥结束时，含水率下降更加明显，降至 30% 以下。根据养殖废物分阶段补氧堆肥技术得到的有机肥产品，有机质含量为 56.87%，总养分（氮+五氧化二磷+氧化钾）的含量为7.24%，均高出有机肥产品质量标准（有机质含量≥45%、总养分≥5%）。

4. 实际应用案例

应用单位：云南顺丰生物肥业环保科技股份有限公司。

以奶牛粪便和烟末为主要原料，加入生石灰进行好氧生物堆肥，使堆肥迅速进入中、高温阶段，实现快速升温、高效脱水，缩短堆肥周期。

堆肥前在养殖废物中先加入 40% 的烟末混合均匀，然后加入 5% 的生石灰，摊开静置 5min 后加入 2% 的 pH 调节剂并混合均匀，静置 2min；接着加入 0.5%

的接种物混合均匀后开始堆肥，堆积高度为 1.5m；在堆肥过程中监测堆体温度，堆体温度达到 60℃ 以上时进行第一次翻堆；随后每 3 ~ 4 天进行一次翻堆，堆体温度降至 40℃ 以下且不再升高时，堆肥结束。

高含水率奶牛粪便加入生石灰后，5 天堆体温度便达 60℃，腐熟过程耗时仅 27 天；根据养殖废物快速干燥堆肥技术得到的有机肥产品，有机质含量为 60.93%，有机质的损失为 11.89%（与常规堆肥方法的 11.81% 接近），N、P、K 的含量分别为 2.3%、2.1%、3.2%，已达到有机肥产品质量标准，与常规堆肥方法得到的产品相比，该技术得到的产品的 P 含量比常规堆肥方法的产品增加了 40%。

技术来源单位：西南大学。

5.2.2 保氮除臭免通气槽式堆肥发酵技术

1. 主要技术指标和参数

保氮除臭免通气槽式堆肥发酵技术集成了 2 项核心专利技术，"底部架空免通气槽式发酵技术" 和 "生物过滤法氨回收及臭气净化技术"。

底部架空免通气槽式发酵技术，通过改变发酵结构，优化设计发酵池结构，底部架空利用负压技术，自然风经通风槽进入堆体，无须强制通气可满足堆肥过程中对氧气的需求，同时减少翻抛次数；堆肥过程中产生的冷凝水等，排入通风槽统一收集。与传统工艺相比该技术可实现节能 30%，减少氨气和臭气释放 50% 以上，一次发酵周期缩短至 7 ~ 10 天，该技术已申报国家发明专利［一种槽式发酵方法（201210210825.7）］。

生物过滤法氨回收及臭气净化技术，采用生物过滤法氨回收技术，将挥发出的氨等资源进行回收，将恶臭废气通过生物过滤净化室，利用填料中的高效除臭菌种，将氨及恶臭废气吸收转化为无害的 CO_2 和 H_2O，既实现了 N 资源回收，又保证了堆肥场地的环境质量，恶臭废气净化效率在 90% 以上，使废气达标排放，该技术已申请 1 项专利［一种多通道恶臭废气生物净化器（ZL201120328166.8）］。

2. 应用案例

应用该技术于贵州茅台酒股份有限公司年产 3 万 t 优质有机肥，产品符合国家《有机肥料》（NY 525—2012）标准，经过净化后的废气达到国家《恶臭污染物排放标准》（GB 14554—93）。

技术来源单位：郑州大学。

5.2.3 发酵床垫料制有机肥技术

1. 基本原理

将发酵床垫料与沼渣进行堆肥处理，既可以杀死秸秆中的病虫卵又可以提供优质有机肥料。利用沼渣进行发酵床垫料堆肥，就是利用沼渣中的发酵微生物对发酵床垫料进行降解灭杀病虫卵，同时提供必要的氮源以平衡碳氮比。通过降解逐步释放出水溶性氮、磷、钾被沼渣基质吸收减少养分损失。堆肥发酵过程中产生的腐殖酸作为堆肥过程中形成的一种次生产物。

2. 工艺流程

工艺流程为"过程菌种的扩繁—干熟料摊开铺平—将铺开的垫料混合—垫料堆积酵熟—垫料池的铺设"。

a. 过程菌种的扩繁：将菌种均匀混合到麸皮中。

b. 干熟料摊开铺平：第 1 层铺稻壳，将稻壳平铺于地上；第 2 层将部分"菌种麸皮混合物"均匀撒在稻壳上；第 3 层是将锯末铺在上面；第 4 层将剩余"菌种麸皮混合物"均匀撒在锯末上。

c. 将铺开的垫料混合均匀。

d. 加水混合：将混合均匀的干垫料进行加水混合，水分一般在 60%~65% 比较合适，现场实践是用手抓熟料来判断，即物料用手反复捏紧几次，手能明显感觉熟料有湿度，且手心无明显水珠，手指缝无水滴滴下为适宜。

e. 垫料堆积酵熟：将加水混合好的垫料堆积成梯形结构，尽可能集中，表面覆盖编织袋等以保湿保温，堆积酵熟要经过几个阶段，一般夏天需 10 天左右，冬天 15 天左右，且垫料酵熟温度遵循垫料酵熟温度曲线。

f. 垫料池的铺设：将发酵成熟的熟料，铺在发酵池中，表面平，再在熟料表面铺设质量好的未经发酵的作物秸秆，经过 24h 后方可进畜禽。

挑选各种原材料，按照配方要求，通过预处理环节，粒度、原料中所含碳与磷的比值和水分达到合适的程度。然后堆积发酵，初步完成无害化、稳定化等生化反应过程，方可作为熟料。

3. 技术创新点及主要技术经济指标

a. 技术创新点。

畜禽粪便中富含 N、P、K 等植物所需的营养元素，是农业生产的有机肥源之一，堆肥化处理是实现畜禽粪便资源再利用的最主要途径，目前，如何科学利用畜禽粪便，使其变废为宝，是发展农业循环经济的重要课题，同时畜禽粪便既是一种污染物，又是一种资源物质，因此利用畜禽粪便和农庄现有的蔬菜废弃秸秆制作发酵床垫料，可以达到无害化，并能制成优质的有机肥料，解决了畜禽污染，实现了资源可持续循环利用，避免资源浪费和环境污染，同时降低企业生产成本。该技术为发酵床垫料的研发提供了基础资料，为发酵床垫料技术的推广和应用提供了理论依据。

b. 主要技术经济指标。

将发酵床垫料粉碎成 5 ~ 10cm 的小段，将沼渣和发酵床垫料按 1：1 比例混合备用。选择地势高且平坦向阳地作为堆肥地，起堆时先用沼渣铺成 20cm 厚的底层，上面铺设混合均匀的堆肥料，每铺 30cm 厚时用沼液喷洒至下部微有液体渗出为好。肥堆一般宽度为 1.5m、高 2m 左右，顶部稍凹陷，铺料完成后顶部和四周表面用稀泥抹光，表面抹泥厚度约为 1.5cm，或用废旧塑料封盖。堆肥完成后，在肥堆周围沿底部挖深 5cm、宽 10cm 左右的环沟以防水分外流。沼渣发酵床垫料堆肥腐熟的标志是发酵床垫料变成褐色或黑褐色，湿时用手握柔软有弹性，干时很脆，容易破碎；有黑色的汁液并有氨臭味，用氨试纸测试，氨基态氮含量很高。腐熟堆肥的体积比刚堆时塌陷 1/3 ~ 1/2。C/N 比一般为（20：1）~（30：1），可以概括为黑、烂、臭、湿四个字，pH 为 5.5 ~ 6。

上海市多利农庄生态园（简称多利农庄）采用有机养殖，在畜禽养殖过程中遵循自然规律和生态学的原理，按照国家标准《有机产品》（GB/T 19630）要求，饲喂有机饲料并限制使用常规兽药、抗生素、饲料添加剂等物质，关注动物福利健康，满足动物自然行为和生活条件。在整个生产过程中不使用化学合成药物，减少了药物对动物、环境和人类的危害，提高了畜产品安全质量，注重资源的内部循环，最大限度地利用了自有资源，有利于建立良性循环的有机生态系统。

多利农庄提出了在农业生态系统中，植物和动物之间是相互依存、相互制约和相互促进的，不断地进行着植物（作物）生产（第一性生产）、动物生产（第二性生产）及微生物的分解与转化。它们三者共同构成了物质交换与能量转化的循环系统。可将很少有用或无用的农副产品，再一次转化为对人类有营养的食物或有用的畜产品（肉、奶、蛋、皮毛等）。利用第一性生产的废弃物喂食第二性生产物，保证第二性生产物良好健康发展，第二性生产物产生的废弃物反哺第一性生产物，通过转化物质的循环利用建立多利农庄生态循环链。从源头上控制重金属污染。

4. 实际应用案例

上海多利农业发展有限公司自制有机肥在上海润堡生态蔬果专业合作社推广应用,化学化肥和化学农药完全禁止使用,基地内设施有机蔬菜的产量显著提高,随着推广面积的不断扩大,经济效益增大,改善和优化了当地的生态农业环境,减少环境损益20%,土壤质量得到改善和提高,土地有效利用率也显著提高,推动了整个设施蔬菜栽培中化肥农药减量化技术应用的进程,增强了农业综合效益,促进了生态环境可持续、健康、和谐发展。

技术来源单位:上海多利农业发展有限公司。

5.2.4 畜禽粪便二段式好氧堆肥技术

1. 基本原理

针对寒地养殖场畜禽粪便露天堆放,易随地表径流进入地表水体污染水质及牛粪单独堆肥发酵慢、养分低等现实问题,收集畜禽粪便等废弃物资源并集中处理。筛选引进微生物制剂,以牛粪为主料,辅以鸡粪等不同物料,配伍好氧堆肥物料。通过调整堆肥物料碳氮比和水分,控制翻堆频率,实现发酵周期和堆肥指标控制。堆肥指标达到 NY525—2012 标准,与化肥配施,实现部分化肥替代并解决了种养脱节问题。该技术由以下 4 个支撑技术组成。

a. 畜禽粪便二段式好氧堆肥技术;

b. 坡耕地水土流失防控技术;

c. 基于秸秆全量还田的土地氮素调控技术;

d. 流域农业清洁生产种养循环利用技术体系。

2. 工艺流程

工艺流程为"资源收集—好氧堆肥—高效施用"。

a. 资源收集:利用自用收集装备和委托收集机构/个人,收集分散畜禽粪便等固废资源,集中堆放在堆肥场,进行堆肥预处理。

b. 好氧堆肥:按照废弃物资源种类,选取安全物料配伍,调整堆肥物料碳氮比和水分,应用微生物制剂,控制翻堆频率,在阳光棚完成堆肥发酵,然后进入发酵后熟车间,生产粉剂和颗粒有机肥。

c. 高效施用:堆肥产品与化肥配合使用,实现部分或全部化肥替代,确定了作物产量稳产有机无机配施方案。

3. 技术创新点及主要技术经济指标

a. 技术创新点。

a）将堆肥远程监控系统引入寒地好氧堆肥生产。

b）二段式酶菌联促好氧堆肥技术。

b. 主要技术经济指标。

该技术运用现代生物工程技术手段，解决了畜禽粪便发酵升温慢、时间长、生产成本高、养分损失大等技术难题。通过微生物菌剂筛选、复配及农田安全高效应用，将畜禽粪便和农作物秸秆等易造成环境污染的废弃资源无害化，转化为可利用的资源，变废为宝。建设内容符合国家重点鼓励发展的产业政策，符合新农村建设的发展方向和趋势，符合生态农业发展的要求，充分考虑了松花江哈尔滨市辖区控制单元的资源环境和农业产业化发展现状，为畜禽粪便和作物秸秆肥料化提供了技术路径，持续改善流域水环境质量，有力地促进了该区域社会、经济的可持续发展。年生产有机肥系列产品 7100t，产值 740 万元。

4. 实际应用案例

该技术利用哈尔滨阿什河金源肉牛养殖有限公司养殖废弃物资源，依托哈尔滨三安环农肥料有限公司和黑龙江省达丰科技开发有限责任公司，改建、扩建和新建阳光发酵棚、造粒车间、成品库、化验室和堆肥场，购买加工设备及化验仪器，通过小试、中试，进入试生产阶段。设计"万宇"有机肥商标 1 个，办理有机肥临时登记证 2 个。推动示范工程配套单位与哈尔滨市阿城区环境保护局和农业局合作，解决阿城区双丰街道三阳村环境问题（牛粪围村），清理、收集露天堆放牛粪 1.95 万 t 以上，试生产有机肥 7000t。示范工程合作单位——哈尔滨三安环农肥料有限公司中标双城区 2017 年度黑土地保护利用试点项目有机肥施用主体入围项目。施用有机肥 23 860 亩。在哈尔滨东日种植专业合作社开展水稻有机肥替代化肥试验示范，面积 500 亩。在哈尔滨市佰亿斤水稻种植专业合作社开展绿色水稻种植 5000 亩。同时技术溢出，为林甸县碧野农业开发有限责任公司畜禽粪便与秸秆发酵技术提供技术指导，优化发酵工艺，缩短发酵周期，生产食用菌基质、苗床营养土和育苗秧盘/钵，效果良好。

技术来源单位：黑龙江省农业科学院。

5.3 农村生活方面

5.3.1 农村污水改良型复合介质生物滤器处理技术

1. 基本原理

农村住宅生活污水经管道收集至新型生物填料厌氧池，经厌氧消化后通过布水管均匀布入多介质高效生物脱氮除磷反应器。反应器内填有多层经科学配方混合而成的多介质专用填料，该填料由铁粉、石灰石、生物改性材料、微生物菌种、碳源缓释材料等组成。多介质填料内形成大量厌氧-好氧微区，生活污水在反应器内经连续的厌氧-好氧过程，有机物分解，氮经硝化反硝化得到去除，磷与铁、钙共沉淀存于介质内。长期运行后（5~10年），更换的介质可作为土壤改良剂，不存在二次污染。处理后出水水质可达到浙江省《农村生活污水处理设施水污染物排放标准》（DB 33/973—2015）一级标准。

2. 工艺流程

工艺流程为"农村污水—新型生物填料厌氧池—多介质无动力高效反应器—达标排放"。

进入该工艺流程前，生活污水需要设置化粪池、隔油-沉砂-格栅井，除去油脂、粗大杂物、泥沙等。该系统前也应设置格栅-沉砂井，防止从管网进入的杂物。

厌氧池应为多格式内设填料的厌氧系统，水力停留时间不小于2天。当浓度高时，就增加停留时间。

反应器水力负荷不大于 $0.3m^3/d$。

3. 关键技术

多介质土壤层耦合技术。

4. 实际应用案例

除在安吉、余杭建设示范工程外，还在安吉、建德等地的连片整治工程和生态建设中进行了推广。在贵州湄潭建设了养殖污水处理的示范工程，日处理量为 $30m^3$，运行时间6个月。从十几个不同地点、不同水量、不同运行时间的示范来看，出水效果良好，完全适用于农村地区的污水处理。

技术来源单位：浙江大学。

5.3.2 FMBR 兼氧膜生物反应器技术

1. 基本原理

FMBR 兼氧膜生物反应器技术通过创建兼氧环境，利用微生物共生原理，使微生物形成食物链，实现污水处理过程中不外排有机污泥。在兼氧环境下各反应同步进行，即不仅具有高效脱氮功能，还实现了污水中碳、氮、磷等污染物和污泥的同步处理。

2. 工艺流程

工艺流程为"进水—格栅—FMBR 设备—出水"（图 5.7）。

图 5.7 FMBR 兼氧膜生物反应器技术设备外观图和工艺流程

a. 污水进水经格栅去除悬浮或漂浮状态的固体物质后，提升至 FMBR 兼氧膜生物反应器。

b. 反应器内有大量培养的兼性复合菌群，污水中的各种有机污染物及污泥在兼性复合菌群的作用下得到分解。

c. 最后混合液通过膜的过滤，出水排放或回用。

3. 技术创新点及主要技术经济指标

主要创新点：

a. 在国际上首次将有机污水 6 个处理环节缩减为 1 个；

b. 在国际上开辟了一条全新的气化除磷方法；

c. 首次建立不排有机污泥同步处理氮、磷的技术路径；

d. 首次开发出傻瓜相机式污水处理装备和 4S 运维模式。

主要技术经济指标（针对生活污水）：

a. 控制环节从传统工艺的 6 个减少为 1 个，效率提高 1～3 倍；

b. 日常运行过程中不排放有机剩余污泥；

c. 设备吨水占地面积<0.2m²；

d. 管理简单，无须专人值守。

4. 实际应用案例

FMBR 技术在大理洱海流域得到推广应用：2012 年，FMBR 设备成功中标大理市环洱海百村（102 个村落）村落污水处理项目，2013 年采用单一来源采购的方式完成一期 42 个村落点的实施，并顺利完成环保工程验收；2014 年大理市双廊、下关和凤仪等乡镇 7 个污水处理点也相继投建；2015 年洱源县茈碧湖镇、凤羽镇、牛街乡也相继建成 15 个污水处理点，累计 11 个乡镇 64 个项目，处理水量超 9000m³/d，出水水质达《城市污水再生利用城市杂用水水质标准》（GB 18920—2002），目前洱海流域的 60 余台 FMBR 设备通过"远程监管+流动 4S 站"方式管理，仅由 2 名人员维护，稳定运行至今。通过环湖构建了一圈 FMBR 珍珠链，实现年削减入洱海化学需氧量约 1031.58t、总氮约 42.21t、总磷约 10.32t。成果单位江西金达莱环保股份有限公司凭大理百村项目获国际水协会（IWA）2014 年度东亚地区项目创新的研究应用奖。根据技术就绪度的定级标准，该项技术完成了实验室小试研究、小规模的示范工程及处理成本经济效益核算等过程，已经实现了大规模的技术运行，当前技术就绪度定级为 9 级。

技术来源单位：江西金达莱环保股份有限公司，中国农业科学院农业环境与可持续发展研究所。

5.3.3 人工快渗一体化净化技术

1. 基本原理

人工快渗处理单元是利用滤料表面生长的丰富生物膜对污水中的污染物质进行物理化学吸附及生物降解的新型污水处理技术。人工快渗处理单元是在过滤截留、吸附和生物降解的协同作用下去除污染物的。过滤截流和吸附作用在人工快渗处理单元中主要起调节机制，而有机污染物的真正去除主要靠生物降解。在淹水期，污水自上而下流经滤料层，由于滤料呈压实状态，利用滤料粒径较小的特点，经滤料中黏土性矿物和有机质的吸附作用及生物膜的生物微絮凝作用，截留和吸附污水中的悬浮物和溶解性物质；在落干期，滤料表面的生物膜在好氧状态下对附着在填料内部的污染物进行好氧生物降解，从而使污染物在系统中得以最终去除。

2. 工艺流程

污染水经过高效前处理分离系统和调节池后，经提升通过旋转布水管均匀洒入核心工艺——人工快渗池，污水自上而下流经填料层，通过物理、化学、生物作用去除污水中的污染物后，由池底的集水管收集进入出水槽外排。沉淀池污泥由潜污泵抽入污泥干化池干化，干化后的干泥定期清理。

3. 技术创新点及主要技术经济指标

处理效果好，出水可达《城镇污水处理厂污染物排放标准》（GB 18918—2002）一级 A 或一级 B 标准。

全自动控制液位计控制自动运行，布水同时实现复氧，能耗低。后期维护保养工作量小，可实现无人值守，运营成本极低，吨水运行成本不超过 0.3 元。

装机功率小，可加装太阳能电池系统实现零能耗。

可实现自动化操作。配合人工快渗处理技术，设备出厂前可提前进行菌种驯化，实现直接到场安装，无须运营调试。

设备结构紧凑，可进行模块化运输，现场安装简单。

4. 实际应用案例

为保障"南水北调"水质安全，在十堰郧县开展 2015 年农村环境综合整治工程，人工快渗一体化设备（近 500 套）作为主要污水处理设施，投入 251 个行政村水污染治理中。

技术来源单位：滨州市深港环保工程技术有限公司，中国农业科学院农业环境与可持续发展研究所。

5.3.4 高效低耗小型一体化污水处理装置

1. 基本原理

一体化装置既可用于独家独户，也适用于多人区域性污水处理的小型分散式污水处理。考虑到农村地区的技术适用性，装置在保证处理效果的基础上，减少整体的动力消耗并简化运行，减轻后期的维护管理负担。装置采用一体化设计，分别由调节池、厌氧生物滤池、接触氧化池和沉淀池组成。各池体之间由隔板进行分隔，污水通过自流方式流动。装置集成了无（微）动力充氧"跌水+拔风"组合工艺和厌氧滤床工艺，通过两级厌氧滤床，减轻后续好氧单元处理负荷。接触氧化单元设"跌水+拔风"，通过自然充氧与曝气相结合，降低曝气成本。

2. 工艺流程

工艺流程为"调节池—厌氧生物滤池—接触氧化池—沉淀池"。

a. 通过调节池调节水量、均衡水质，有效截流原水中大颗粒物质。

b. 两级厌氧生物滤池利用厌氧及兼性微生物，通过水解酸化作用，提高污水的可生化性，同时也可降解一部分的有机物。填料的添加，可提高微生物浓度，加强厌氧处理效果，减轻后续好氧单元处理负荷。一级厌氧滤池的填料填充率为40%，二级厌氧滤池的填充率为60%，填料填充率先低后高，有效避免堵塞。

c. 采用接触氧化工艺，填料填充率为55%，设"跌水+拔风"形成自然充氧与曝气相结合，降低人工曝气量。

d. 通过沉淀池去除悬浮颗粒物，进行泥水分离。

3. 技术创新点及主要技术经济指标

集成创新了无（微）动力充氧工艺、厌氧滤床工艺，形成低能耗一体化污水处理装置，有效降低好氧单元的曝气成本，减轻农村污水治理后期运行管理负担。并且针对农村地区进水不连续特征，厌氧单元采用生物滤床、好氧单元采用接触氧化工艺，便于装置的启动和运行。微动力充氧环境下，气水比从8：1降至4：1，曝气量降低50%的情况下，装置出水COD和氨氮仍能满足《城镇污水处理厂污染物排放标准》（GB 18918—2002）二级出水标准。示范工程运行成本为0.47元/t，较同类设备成本降低25%以上；节省管网投资，工程总投资造价节省20%以上；可采取地埋安装方式，节约占地面积；运行操作简单，无须专人值守。

4. 实际应用案例

示范工程地点在辽宁省沈阳市新民市大红旗镇马长岗村，该村现有居民560户，人口1795人，耕地面积11 880亩，村中以种植业和畜禽养殖业为主，污水处理规模50m³/d。工艺以厌氧为主、好氧为辅，增加多级跌水设计，能耗较低，易于管理。并且采用风光互补系统替代大部分的电力使用，进一步降低运行成本，解决农村环保设施后期运行费用不足的问题。该示范工程COD去除率74%，COD年削减量2.03t。

技术推广情况：在丹东市宽甸满族自治县、抚顺市抚顺县、铁岭市昌图县等多地推广应用。

技术来源单位：辽宁省环境科学研究院、中国环境科学研究院。

5.3.5 高效回用小型一体化技术

1. 主要技术指标和参数

高效回用小型一体化技术设备集厌氧、好氧、沉淀处理于一体，通过内部结构的巧妙设计，实现硝化液、污泥的无动力回流，动力消耗低；专有技术填料促进生物膜内产生较大溶解氧浓度差，具有较好的脱氮功能。整套装置体积小、抗压能力强、自动化程度高、建设成本低，有效解决了传统小规模分散式污水处理设备能耗高、运行不稳定、脱氮除磷效率低、污泥产量高等工程问题，出水水质达到《城镇污水处理厂污染物排放标准》(GB 18918—2002) 一级 B 标准。

2. 应用案例

运用该技术的污水处理厂建设成本为4000~6000元/t 水，运行成本为0.3~0.5元/t 水，设备占地面积为0.4~1.5m²/t 水，与传统污水处理工艺相比，节省占地80%以上。适用于经济水平受限、管理水平低、农村村镇人口少、分布广泛且分散的生活污水的处理。在北方寒冷地区，可采用地埋式安装，与周围自然景观融为一体。截至目前，该技术已应用于辽宁省高速公路服务区、辽宁省开原市乡镇等地的污水处理，出水均达标排放，运行稳定，应用效果较好。

技术来源单位：辽宁北方环境保护有限公司。

第6章 | 养分循环利用技术

养分循环是指农业农村清洁流域系统中养分在农业各个组分之间的传输，主要在土壤、植物、畜禽和人等养分库间传输的过程，同时，每个库都与系统外保持多条输入与输出的养分流联系。有关物质流动过程也涉及生物地球化学循环的整体过程。例如，农田生态系统中养分的输入包括化肥、有机肥、干湿沉降和灌溉水等，农田养分的输出包括收获物的输出及其淋失、流失、反硝化、蒸散和氨的挥发。畜禽养殖系统养分循环主要是依托种养耦合而开展的养分循环和水分循环，如养殖粪污经资源化后以固体肥料、液体肥料、沼液沼渣、生物基质、土壤改良剂等多种形式重新用于种植业生产，而种植业生产中的秸秆、稻壳及加工业产生的有机废弃物等均可以与畜禽粪污协同进行资源化利用。随着近年来农村人居环境整治行动的不断推进，农村厕所粪污及农村生活污水就地就近资源化，也可与养殖业协同治理，并与种植业生产等有效衔接。可通过微生物、化学等多种方式对农业农村废弃物进行综合发酵，经过低温热解、好氧堆肥、厌氧发酵等方式完成无害化过程，进而生产多种形式的资源化产品用于农业生产，沼气、热能等能源也可以进行循环利用。

养分循环利用技术主要是从流域农业结构布局出发的技术类型，主要包括以间套作种植模式、调整种植制度为核心的"种–种"循环利用技术，以区域养分平衡、种养统筹考虑为核心的"种–养"循环利用技术及以实现就地就近资源化为原则的农村生活污水的"生–种"循环利用技术。

6.1 种植业污染"种–种"循环利用技术

6.1.1 问题分析

（1）土壤氮磷盈余现象严重，流失风险较高。

作物种植条件下的土壤环境受到生物量收获、肥料施用等多方面人为活动影响。由于土地利用方式相对稳定，固定作物种植的影响易发生长期累积效应，而这其中，氮磷养分盈余就是多季或多年肥料施用未能有效利用的不良结果。氮磷元素作为供给作物生长的必需养分由土壤和肥料同时供给，当肥料施用不当时，土壤条件发生变化，土壤养分矿化和转运过程发生改变，作物对肥料养分供给的依赖性增强。为满足这一需求，肥料施用量被大幅度增加以保证作物产量输出稳定，由此引发氮磷高投入、高残留的恶性循环。大量残留在土壤环境中的氮磷，不仅给土壤环境带来威胁，更增加了土壤本身的氮磷排放风险。这一风险不单存在于作物生长肥料施用时期，而是存在于所有时间段；换言之，任何时段的降水都有可能带来大量氮磷排放；这无疑延长了氮磷流失防控的时间战线，也加大了防控难度。削减土壤中的氮磷盈余，是从根本上减少流失风险的必要途径。

（2）流水带动下的氮磷流失，防控难度较高。

水分流动是种植业氮磷流失的主要驱动力。发生降水时及发生降水后的一定时段，是防控氮磷流失的关键时期。但是，氮磷排放以流体为损失形式，其走向受地形及被冲刷地表质地等因素影响。在缺少人为建设排水体系的种植生境中，排放流流量、氮磷浓度和多流汇聚位点均存在不确定性，很难给出明确的管控量范围、氮磷浓度削减目标和断面位置，符合农业农村污染分散性、广泛性、不确定性等特征。以断面拦截设施为手段，往往很难找到区域防控的落脚点，防控难度较高。实现复杂地形条件下的排放流汇聚，借助种植业不同系统间养分传递消纳流水中氮磷，是因地制宜实现氮磷流失防控的有效手段。

（3）农田废弃物处置不当，易引发环境问题，带来资源浪费。

作物被食用或直接利用的生物量往往仅占其生长生物总量的一部分，尤其是水稻、小麦、玉米、油菜等粮油作物，未被直接利用的残体部分占比较大，该部分被视为农田废弃物。在传统生产中，对农田废弃物的处置多以直接焚烧或易处抛弃为主要方式，带来一系列环境问题：焚烧带来的大气污染不言而喻；易处抛弃的农田废弃物会经过较长周期的腐解，可能伴随大量 COD 释放，给周边水体带来威胁；而多汁的农田废弃物在腐解过程中还会散发臭气，污染周边环境。此外，农田废弃物中含有较多氮磷元素，不当的处置引发环境问题的同时也带来了资源的浪费。但是，农田废弃物中的氮磷往往是稳定的有机形态，直接归还至农田时，其转化为作物能够直接利用的养分形态需要较长的时间。实施有效的农田废弃物还田，是控制氮磷去向、实现农田废弃物资源化、保证氮磷养分再利用的重要前提。

（4）农田土壤氮素结构不合理，作物生产缺乏可持续性。

对于多年种植的农田土，矿质态氮由于肥料的补充和残留往往含量较高，而相对较为稳定的有机态氮则会因长年耕作和矿化作用的发生而含量不断减少。相比于矿质态氮易发生流失，稳定态氮是土壤肥力是否能够支撑作物持续性生产的物质基础。单纯性添加有机肥能够一定程度提升土壤供氮能力，但对土壤库容的扩充能力有限。如何低成本增加土壤氮库容，在物质大通量的条件下维持土壤养分供应的生命力，是推行绿色生产亟待解决的问题。

6.1.2　技术思路

（1）构建间套作立体种植体系，原位削减土壤盈余氮磷。

充分利用空间错位优势，改单一种植模式为立体种植体系。在主要作物行间或周边种植不同作物，帮助吸收主要作物根区外土壤环境中的氮磷养分，源头上减少土壤中可能发生流失的氮磷总量，降低发生径流或淋失时的溶液氮磷浓度。在土壤氮磷盈余较多的环境中，新作物的种植无须额外添加过多养分支持，可有效提高立体种植体系的作物种植收益。

（2）打通水分养分在不同作物镶嵌斑块间的流动通道，以多级利用代替消纳防控，减少区域氮磷排放。

依附地形特征，明确水路走向，在适宜区域建设汇水、排水系统；在排水方向下游区，种植对养分需求量较小的作物（如排水上游区为菜地或果园，下游区可种植水稻、玉米、油菜等）；构建区域尺度不同作物以斑块为形态的镶嵌种植，让氮磷养分在流水带动下流经不同作物的种植系统，以不同作物的多级利用取代排水途径上的养分消纳，保证区域总排水口处氮磷排放量低位。

（3）促进农田废弃物循环利用，降低农田废弃物处置不当带来的潜在污染风险。

作物收获时，集中收集农田废弃物；对于归还农田以求养分被利用的农田废弃物，通过辅助腐解、发酵的技术或原位添加菌剂的方式手段，加快农田废弃物的纤维降解和养分释放，促进氮磷养分再利用，并替代或减少原化肥养分的投入量；对于直接利用的农田废弃物，按利用要求对农田废弃物进行初步加工；最大限度将农田废弃物的养分及功能归还于种植业农田系统，实现时间尺度上的物质链循环。

（4）利用豆科作物实现生物固氮，提升土壤氮素供应能力。

改变原有轮作制度，增加或替代一季豆科作物种植，通过其根瘤菌实现氮生物化固定。此外，通过豆科作物种植降低农田雨水径流的产生量，减少水土流失和土壤中氮磷流失。翌年，将整株或部分生物量翻入农田，豆科作物可显著增加土壤氮含量和有机质含量，备用于后一季作物生长。

6.1.3　循环利用技术模式

1. 组合工艺

（1）针对土壤氮磷盈余严重的问题，通过构建间套作立体种植体系，实现原位削减。

a. 果园间套作种植模式技术工艺。

问题：果园肥料施用量大，土壤氮磷盈余现象严重，且长期清耕导致土地处于裸露状态，一旦遇到强降雨，水土肥流失严重。

方法：在果园中间作绿肥或套作矮小作物，可起到一定的氮磷拦截作用，同时具有防止或减少水土肥流失、改良土壤和提高土壤肥力、促进果园生态平衡、抑制杂草生长等优点。

解决途径：头年 9 月底在果实采摘完毕后、雨季尚未完全结束前，结合整枝整地，在果园内均匀撒播绿肥种子，如光叶紫花苕，或套种大豆等矮小作物，待翌年雨季防控水土流失。

实施效果："十二五"期间，研发了"都市果园低污少排放集成技术"，并于昆明市大板镇进行了示范推广。通过果园绿肥种植技术配合施用控释肥和水溶性肥料，可实现氮磷化肥量用量平均减少 39%，果园肥料利用效率提高 6%~11%，同时降低运行成本 500 元/亩。

b. 蔬菜地填闲作物种植模式技术工艺。

问题：设施蔬菜地肥料投入较多，在降雨的驱动下土壤中盈余的氮磷养分会通过径流、渗漏等途径进入水体，增加水体富营养化的风险。

方法：调整设施菜地轮作制度。

解决途径：对设施菜地轮作制度进行调整，由原来的番茄—休闲—莴苣—其他冬作蔬菜，调整为休闲期种植甜玉米，以防止氮磷流失。

实施效果：与不种甜玉米土壤相比，甜玉米种植后在保证下季作物产量的前提下，可有效减少耕层土壤中 25%~30% 硝态氮的淋洗。另外，可有效减少耕层土壤中 31%~40% 总氮的淋洗。土壤渗漏水总氮水平从 94mg/L 下降到 59mg/L。

（2）针对氮磷流失防控难度较高的问题，通过打通串联不同作物镶嵌斑块的氮磷养分通道，以多级利用代替消纳防控。

菜果地养分水分再利用技术工艺。

问题：在复杂的地形状态下，流水冲刷导致蔬菜地、果园氮磷流失严重，污染防控难度较高。

方法：将菜地、果园排水与稻田湿地在空间上和时间上相耦合，有效回用菜地或果园中的残留养分，以减少氮磷养分流失排放。

解决途径：将菜地径流通过生态沟渠汇入集水池中，或利用坡地地形将果园雨水径流进行层层集蓄，再将集水池中的水用泵提升至稻田湿地中，充分消纳利用其中的氮磷养分。

实施效果："十一五"期间，开展"坡耕地雨水集蓄及高效利用技术研究"，并于洱源县邓川镇进行示范推广。通过对坡地径流进行集蓄利用，可有效集水500～700mm，提高雨水资源利用效率20%，并削减氮磷30%以上。

(3) 针对农田废弃物处置不当的问题，通过相关技术促进农田废弃物循环利用，减少农田废弃物抛弃带来的资源浪费和环境污染。

a. 果园树盘秸秆覆盖技术工艺。

问题：果园中传统的清耕方式导致土地处于裸露状态，易被降雨冲刷，具有较高的氮磷流失风险；对秸秆等农田废弃物多以直接焚烧或易处抛弃为主要处置方式，带来大气污染、资源浪费等环境问题。

方法：果园树盘秸秆覆盖可以减少土壤与降雨的直接接触，减少水土肥流失、改良土壤和提高土壤肥力，同时还可以实现秸秆的用途转变，减轻秸秆焚烧带来的空气污染。

解决途径：对整个果园树盘进行水稻秸秆的覆盖，每棵树的树盘覆盖秸秆至少达到10kg以上或者覆盖厚度为5～10cm。

实施效果："十二五"期间，于宜兴市周铁镇棠下村对"基于行间生草耦合树盘覆盖的果园氮磷投入减量关键技术"进行工程示范。监测结果表明，采用果园树盘覆盖结合行间生草及肥料减量技术，可实现化学氮磷投入减少30%以上，产量不减，投入成本减少10%以上，地表径流氮磷流失率消减30%左右。

b. 蔬菜残体或粮食作物纤维等农田废弃物腐解发酵还田工艺。

问题：对于食用根茎部分蔬菜（如榨菜），以及仅食用果实部分的粮食作物（如水稻），收获后较大比例的生物量被抛弃，带来环境问题的同时也造成生物质资源的极大浪费。

方法：将农田废弃物进行堆肥或腐熟堆肥，以有机肥形态归还农田，实现养分循环利用。

解决途径：于堆肥装置内覆干土5～10cm；将农田废弃物加入干重2%～12%的石灰，调整含水量至50%～65%；投20～30cm高度料至堆肥装置内，并辅以废弃物10%～30%的快速堆肥分解剂或腐熟堆肥或堆体质量0.1%～0.4%的微生物菌剂，混匀；再次投料20～30cm高度，辅以腐熟堆肥或微生物菌剂，如此重复操作数次，使堆体高度达到堆肥装置顶部，关闭堆肥装置进料口；堆料经

15～20 天处理后即可腐解，从出料口出料后，可作为肥料回田。

实施效果："十二五"期间，"农田废弃物低成本综合处置技术"应用于滇池流域上蒜镇的"流域新型农业农村污染综合控制技术与工程示范"。通过堆肥将农田废弃物转变为有机肥，缩短处理周期 10～15 天，降低处理成本 33% 以上，资源化和无害化处理利用率达 92%～95%。生产的有机肥与化肥组合共同施用于万亩农田，有效提高了氮磷利用效率，与其他技术集成，成功降低农田径流总氮、总磷排放 40% 以上。

（4）针对农田土壤氮素结构不合理的问题，利用豆科作物种植实现生物固氮，增加土壤氮素供应能力，保证作物生产可持续性。

豆科作物轮作还田工艺。

问题：稻麦轮作体系中，麦季是发生氮磷径流损失的主要时期。长期耕作带来土壤氮素结构不合理的问题，麦季种植加重了速效态氮流失和土壤氮库亏缺，而麦季本身的产投比较低，并不能给农户带来较高经济收益。

方法：改传统的稻麦轮作为稻-豆轮作，并于盛花期将豆科作物翻耕入田，实现生物固氮和肥料减投。

解决途径：绿肥种植：水稻收获后，按照播量 5～8kg/亩，播种绿肥种子，并覆土 1～2cm，土壤湿润黏重宜浅，土壤干燥疏松宜深。翌年 4 月，绿肥盛花期时，经过土地翻压施入土壤，为土壤扩充有机质和氮库含量。豆科作物种植：水稻收获后的翌年 2 月，将豆科作物穴播入农田，并覆土 1～2cm，保证水分供应和土壤湿润。待 5 月，豆科作物豆荚收获后，将整株翻压入土，并筑垄泡田 7～10 天，以协助豆科植株体腐解。

实施效果："十一五"期间，通过轮作制度调整在太湖一级保护区或沿河/湖区域实施"平原河网地区闸控河流的污染综合控制成套技术与示范工程"。改传统的稻麦轮作为稻-紫云英绿肥轮作，减少翌年稻季氮投入量 28%～57%，仍可保证水稻高产，并降低总氮排放 40% 以上；农户因小麦季种植空缺而带来的经济效益减损，由当地农业部门按照 300 元/（hm^2·a）进行补偿。

2. 技术案例

（1）"源头减量-过程阻断-养分循环利用-生态修复"的"4R"技术体系。

针对农田面源污染控制的水污染治理难点问题，以"源头控制"与"过程阻断"为理念，创建了集约化设施农业种植区为基础的氮磷减排的"源头减量（reduce）-过程阻断（retain）-养分循环利用（reuse）-生态修复（restore）""4R"技术体系，开发集水控污-节水减污-水肥循环利用等防控技术，形成了以小汇水区为控制单元的大面积、连片农田面源污染输出控制技术体系（图 6.1）。

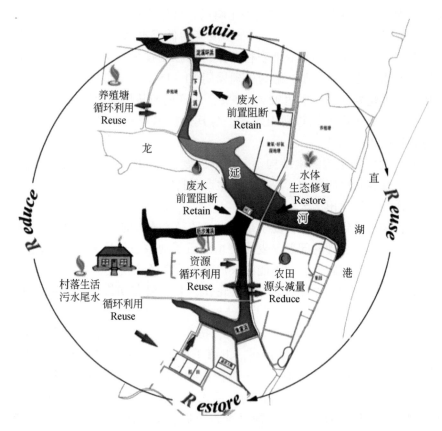

图 6.1 种植业面源污染控制的 "4R" 技术体系路线图

源头减量技术即通过农村生产生活方式的改变来实现面源污染产生量的最小化；过程阻断技术是指在污染物向水体的迁移过程中，通过一些物理的、生物的及工程的方法等对污染物进行拦截阻断和强化净化，延长其在陆域的停留时间，最大化减少进入水体的污染物量；养分循环利用技术即将污染物中包含的氮磷等养分资源进行循环利用，达到节约资源、减少污染、增加经济效益的目的；生态修复是农村面源污染治理的最后一环，也是农村面源污染控制的最后一道屏障，狭义地讲，其主要是指对水体生态系统的修复，通过一些生态工程修复措施，恢复生态系统的结构和功能，包括岸带和护坡的植被、濒水带湿地系统的构建，水体浮游动物及水生动物等群落的重建等，从而实现水体生态系统自我修复能力的提高和自我净化能力的强化，最终实现水体由损伤状态向健康稳定状态转化。

目前，该技术体系已经在太湖流域、巢湖流域、滇池流域、洱海流域、三峡库区等全国各大流域的农田面源污染严重区域进行了推广应用。累计应用面积5322 万亩，减少化肥中氮磷施用量 7.63 万 t，减排氮磷 4.46 万 t，减少化肥投入3.3 亿元，大大推动了农业农村清洁流域建设。

通过对不同土地利用方式下的农田污染控制技术进行资料分析，总结了其中的共性特征，从而形成了种植制度调整、施肥优化与径流生态拦截三部分内容一体化的农田面源污染综合防控方案。

在技术工艺流程概念的指导下，通过可行性的实验研究、效果研究后，于2010~2011 年在无锡市胡埭镇龙延村综合示范，全示范区面积约 1000 亩，包括稻田、桃园、菜地等。该技术可使农田氮肥用量及农田总氮排放量有效削减、农田径流氮拦截净化率大大提高，农田入河水质稳定达标。

技术来源单位：江苏省农业科学院。

（2）基于总量削减-盈余回收-流失阻断的菜地氮磷污染综合控制技术。

a. 基本原理。

针对太湖流域设施菜地化肥投入量高（年投入量 1310kg N/hm^2、450kg P$_2$O$_5$/hm^2）、肥料利用率低（<20%）、土壤养分累积率高（一年 3 季蔬菜作物轮作后土壤硝态氮含量从 84mg/kg 增加到 241mg/kg，累积率达 187%）等特点，研发了基于总量削减-盈余回收-流失阻断的两低两高型菜地氮磷污染综合控制技术。①化肥源头优化减量技术（总量削减），即在保证作物产量的情况下，基于作物的养分吸收特点和土壤肥力状况，从肥料的用量上进行优化，从而减少化肥投入，降低养分流失风险；②填闲作物原位阻控技术（盈余回收），对设施菜地休闲期土壤的氮磷养分进行原位拦截；③生态拦截带技术（流失阻断），在设施菜地的排水沟渠内设计生态拦截框，从而有效降低氮磷排放；④稻田湿地技术（流失阻断），在整个设施菜地示范区的总排水口处设计稻田人工湿地，消纳净化设施菜地排水。

b. 工艺流程。

河水灌溉—设施菜地源头减量技术—填闲作物原位拦截—生态拦截沟渠—稻田湿地—河道。

c. 关键技术。

a）设施菜地化肥投入减量技术；

b）夏季揭棚期的填闲作物原位阻控技术；

c）稻田人工湿地净化技术。

d. 实际应用案例。

应用单位：无锡市胡埭镇龙延村村委会。

2010 年稻季在无锡市胡埭镇龙延村沙滩村大棚蔬菜生产基地进行了小规模

的技术示范，示范面积约 10 亩。全年施氮量可减少 $170 \sim 350kg/hm^2$，对产量没有影响；蔬菜品质有所提高，减少环境 N 排放 $60 \sim 182kg/hm^2$；在夏季高淋洗期（揭棚期）种植高效吸收型填闲作物（甜玉米等），可有效减少淋洗 $30\% \sim 60\%$。研究结果表明，填闲玉米对氮素淋洗拦截率为 30% 左右，化肥减量的同时配合填闲作物对氮淋洗的拦截率为 61%。在化肥减量和种植填闲作物的基础上，配合生态拦截沟渠，并在夏季充分利用稻田湿地的强化净化作用，可进一步减少菜地的污染排放。将设施菜地与稻田偶联，通过生态沟渠的拦截作用及湿地稻田的吸收再利用功能，在整个水稻生长季削减设施菜地径流排放的各污染负荷总量分别为硝态氮 $15kg/hm^2$、总氮 $16.81kg/hm^2$、总磷 $0.16kg/hm^2$。共削减示范区内设施菜地（10 亩）硝态氮 10kg、总氮 11.2kg、总磷 0.1kg。

技术来源单位：中国科学院南京土壤研究所。

6.2　养殖业污染"种-养"循环控制技术

6.2.1　问题分析

党中央、国务院高度重视农业循环经济发展。《中共中央关于制定国民经济和社会发展第十三个五年规划的建议》要求"树立节约集约循环利用的资源观""加大农业面源污染防治力度""推进种养业废弃物资源化利用、无害化处置"。畜禽养殖废弃物污染不仅在生态环境方面造成严重影响，也制约了我国畜禽养殖业的发展。2018 年 12 月 400 个监测县生猪存栏信息显示，生猪存栏和能繁母猪存栏比上月分别减少 3.7% 和 2.3%，比上年同期分别减少 4.8% 和 8.3%。2019 年 12 月，农业农村部办公厅、生态环境部办公厅联合印发《关于促进畜禽粪污还田利用依法加强养殖污染治理的指导意见》，鼓励指导各地加快推进畜禽粪污资源化利用，畅通粪污还田渠道，加快畜禽养殖污染防治从重达标排放向重全量利用转变。2020 年 8 月，两部门又印发《关于进一步明确畜禽粪污还田利用要求强化养殖污染监管的通知》，进一步明确粪污还田利用适用标准，要求落实养殖场户污染防治主体责任，强化畜禽养殖污染监管，切实提高畜禽养殖粪污资源化利用水平。因此，解决农村畜禽养殖废弃物污染问题成为村居环境整治的重中之重。

种养结合循环农业，养殖废弃物资源化利用是处理养殖污染的最主要方案，不仅可以解决畜禽养殖产生的污染，也能减少农田化肥投入，提高种植品质。但在实际操作中还存在诸多问题。

1. 种养顶层设计规划缺失

我国畜禽养殖业在顶层设计上侧重优良品种推广、规模化经营和标准化生产、疫病防控等，对于环境保护的设计通常直接套用工业化处理的模式，这导致长期以来基层政府对于养殖分区划定标准不明确，甚至直接将养殖企业迁入工业园区与化工企业同步管理，导致局部地方养殖过于集中，十分不利于畜禽粪污的收集、处理和资源化利用。

由于我国在畜禽养殖规模化发展进程中缺乏种养结合的思路，针对养殖规模并没有做出明确的限定，使得种养主体在规模和空间布局上逐步分离，有些地区甚至为了招商引资或促进当地产业规模发展，一味要求养殖企业做大做强。过于庞大的养殖规模，产生远超过生态承载力的粪污量，不仅造成严重的环境污染，也影响了周边居民的正常生活。尽管许多养殖企业迫于形势要求开始打造种养结合的生态农业，但是庞大的养殖规模需与大面积的农田相匹配，这对于人多地少的地区来讲是非常困难的。此外，对于大型的规模养殖，每天产生的大量粪污如何按照作物需求高效输送到农田，且不造成资源浪费和二次环境污染，也是目前面临的难题。粪污从储存、输送到灌溉等的每一个环节，在现实操作中都存在技术难点。

2. 养殖业污染防控技术滞后

与工业污染治理不同，养殖污染治理涉及的环节和影响因素较多，不仅在广度上受到地域、温度和农业制度的影响，也受到养殖模式、处理工艺和农田配套的影响。目前的养殖污染防治技术研究，大多集中在某个环节或某项技术，产出的单项技术较多，但很少针对某种养殖模式，开展粪污收集、储存、处理到最后资源化利用的全系统控制的成套技术研究，影响到区域和流域尺度系统防治技术方案的制定。在实际推广中，技术研究、应用与管理不统一。研究者更多地考虑技术有效性；政府需要标准的、通用的、便于管控的成套技术；而养殖场需要的是低成本、实用便利的技术。养殖企业更关注经济效益，后续粪污处理对企业而言是迫于环保压力的"负担"，积极性低，缺少资金和人才投入，导致粪污处理全流程环节技术应用和维护困难。另外，粪污的收集、处理及后期利用中，大量的养分流失会造成大气、水、土的污染，其中 N 的流失中氨气或 N_2O 挥发方式占到 50% 左右，目前对这方面的研究还不多；粪便堆肥周期较长，产生的臭气和成本控制及厌氧工程中沼气的储存和有效利用都是亟待解决的技术难点。

资源化利用方面，沼液如何按农时运输及灌溉，长期使用粪肥可能造成的重金属和抗生素残留等问题尚待解决。以抗生素为例，每年有约 6000t 抗生素用于畜禽养殖，30%~90% 的抗生素残留在畜禽粪污当中，且具有较宽的浓度范围，极大地影响了粪便资源化利用，也对发展生态农业、有机农业形成阻碍。

3. 养殖业污染防控工程建设复杂

很多养殖业工程和技术是基于原有的工业或生活污水进行改造，但养殖业污水浓度高、污染种类多、成分复杂，不管是从技术还是从经济角度，都很难使养殖业污水处理达到理想要求，尤其是环保要求提高的现今社会，养殖业污水处理已经成为养殖场的一项重大负担。据江苏省调查，曾一度大力推广的大型养殖场沼气发电工程，目前至少有 60% 处于停工状态，主要原因是投资运行及维护成本过高；许多大型养殖场配套的大型污水净化设施设备，处理成本在 $10 \sim 20$ 元/m^3，成为企业的巨额负担。还有沼液如何利用目前依然是个难题。

为了使养殖污水处理达到理想标准，通常要从源头到末端配套收集、固液分离、无害化处理、回收利用等多个处理工程设施，有的工程设施设备的运行需要专业化操作，对于养殖场而言，存在技术和经济上的负担。

6.2.2　技术思路

1. 种养结合农牧配套方案

对于种养结合，首先根据区域地理条件和资源禀赋，从国家层面做好规划。设定农区和非农区，农区以农业发展为主，其他产业也应该与区域规划相匹配，如大力发展农牧加工、物流运输、生态观光等，实现协同发展。以小流域为单位进行地方规划，为实现现代化、生态化、规模化的农业生产打好基础并加大对农区的反哺力度。

注重规划先行，按照"畜地平衡、总量控制"的原则，合理布局畜禽养殖区域，预留养殖用地，推动生产生态统筹协调发展。结合永久性基本农田划定及美丽乡村建设等工作，重点扶持适养区作为新建养殖基地的建设用地。在对禁养区规模场实施关停转迁的同时，引导限养区和适养区内选址不合理、设施不全、污染较为严重的养殖场户向新建养殖基地集中。新建基地实行多点分布、适度规模、标准化饲养。

种养结合，关键是建立畜禽养殖科学发展观，"以地定养、农牧结合"。依法科学划定禁养区、限养区和适养区，不搞"一刀切"。建立以畜禽粪污养分目标管理为基础的准入制度，需要从顶层进行区域性规划和设计，根据农业区域特点和环境承载力在适养区科学制定畜禽养殖业发展规划。依据我国区域水资源承载力、耕地环境容量（上限）和人口食物需求（下限）等限制因素，探索不同地域、不同体量、不同品种的种养结合循环农业典型模式。例如，在粪污全量还田模式下，以每头猪当量配套不少于 0.2 亩农田为宜；如果粪污经过处理 N、P 大幅度削减，或粪便生产有机肥可以外运使用的情况下，配套的农田可以按照养分削减或移除比例适当增加。

在实际应用中，应当以畜禽粪污土地承载力及规模养殖场配套土地面积测算，以粪肥氮养分供给和植物氮养分需求为基础进行核算，对于设施蔬菜等作物为主或土壤本底值磷含量较高的特殊区域或农用地，可选择以磷为基础进行测算。畜禽粪肥养分需求量根据土壤肥力、作物类型和产量、粪肥施用比例等确定。畜禽粪肥养分供给量根据畜禽养殖量、粪污养分产生量、粪污收集处理方式等确定。具体测算方法参照《畜禽粪污土地承载力测算技术指南》，根据指南测算的结果 [表中猪当量：用于衡量畜禽氮（磷）排泄量的度量单位，1 头猪为 1 个猪当量。1 个猪当量的氮排泄量为 11kg，磷排泄量为 1.65kg。按存栏量折算：100 头猪相当于 15 头奶牛、30 头肉牛、250 只羊、2500 只家禽。生猪、奶牛、肉牛固体粪便中氮素占氮排泄总量的 50%，磷素占 80%；羊、家禽固体粪便中氮（磷）素占 100%]，如表 6.1 和表 6.2 所示。

表 6.1 不同植物土地承载力推荐值
（土壤氮养分水平 II，粪肥比例 50%，当季利用率 25%，以氮为基础）

作物种类		目标产量（t/hm²）	土地承载力（猪当量/亩，当季）	
			粪肥全部就地利用	固体粪便堆肥外供+肥水就地利用
大田作物	小麦	4.5	1.2	2.3
	水稻	6	1.1	2.3
	玉米	6	1.2	2.4
	谷子	4.5	1.5	2.9
	大豆	3	1.9	3.7
	棉花	2.2	2.2	4.4
	马铃薯	20	0.9	1.7
蔬菜	黄瓜	75	1.8	3.6
	番茄	75	2.1	4.2
	青椒	45	2.0	3.9
	茄子	67.5	2.0	3.9
	大白菜	90	1.2	2.3

作物种类		目标产量 （t/hm²）	土地承载力（猪当量/亩，当季）	
			粪肥全部 就地利用	固体粪便堆肥外供+ 肥水就地利用
蔬菜	萝卜	45	1.1	2.2
	大葱	55	0.9	1.8
	大蒜	26	1.8	3.7
果树	桃	30	0.5	1.1
	葡萄	25	1.6	3.2
	香蕉	60	3.8	7.5
	苹果	30	0.8	1.5
	梨	22.5	0.9	1.8
	柑橘	22.5	1.2	2.3
经济作物	油料	2.0	1.2	2.5
	甘蔗	90	1.4	2.8
	甜菜	122	5.0	10.0
	烟叶	1.56	0.5	1.0
	茶叶	4.3	2.4	4.7
人工 草地	苜蓿	20	0.3	0.7
	饲用燕麦	4.0	0.9	1.7
人工 林地	桉树	30m³/hm²	0.9	1.7
	杨树	20m³/hm²	0.4	0.9

表6.2　不同植物土地承载力推荐值
（土壤磷养分水平Ⅱ，粪肥比例50%，当季利用率30%，以磷为基础）

作物种类		目标产量 （t/hm²）	土地承载力（猪当量/亩，当季）	
			粪肥全部 就地利用	固体粪便堆肥外供+ 肥水就地利用
大田 作物	小麦	4.5	1.9	4.7
	水稻	6	2.0	5.0
	玉米	6	0.8	1.9
	谷子	4.5	0.8	2.1
	大豆	3	0.9	2.3
	棉花	2.2	2.8	7.0
	马铃薯	20	0.7	1.8

作物种类		目标产量 （t/hm²）	土地承载力（猪当量/亩，当季）	
			粪肥全部 就地利用	固体粪便堆肥外供+ 肥水就地利用
蔬菜	黄瓜	75	2.8	7.0
	番茄	75	3.1	7.8
	青椒	45	2.0	5.0
	茄子	67.5	2.8	7.0
	大白菜	90	2.6	6.6
	萝卜	45	1.1	2.7
	大葱	55	0.8	2.1
	大蒜	26	1.6	4.0
果树	桃	30	0.4	1.0
	葡萄	25	5.3	13.3
	香蕉	60	5.4	13.5
	苹果	30	1.0	2.5
	梨	22.5	2.2	5.4
	柑橘	22.5	1.0	2.6
经济 作物	油料	2.0	0.7	1.8
	甘蔗	90	0.6	1.5
	甜菜	122	3.2	7.9
	烟叶	1.56	0.3	0.9
	茶叶	4.3	1.6	3.9
人工 草地	苜蓿	20	1.7	4.2
	饲用燕麦	4.0	1.3	3.3
人工 林地	桉树	30m³/hm²	4.2	10.4
	杨树	20m³/hm²	2.1	5.2

2. 种养结合原则

对区域进行种养结合规划，打造循环农业，是解决种植、养殖生态环境污染的重要方法，也是促进循环农业发展的必由之路。但如何打造循环农业，如何进行种养结合，是设计和规划的前提。

打造循环农业，首先要遵循"减量化""再利用""再循环""可控化"4 个主要原则。

（1）减量化：尽量减少进入生产和消费过程的物质量，节约资源使用，减少污染物排放。

减量化是循环农业的基础。以种植施肥为例，以往的施肥方法都是根据经验和作物长势决定，为了追求产量加大施肥量已经成为一种习惯，并且施肥方法也存在很多误区；这样不仅造成了资源的浪费，对环境也造成了污染。在减量化原则下，在不同地块不同作物的基础上，通过作物需肥分析和土壤养分测试，确定合适的肥料配方、施肥方法及施肥时间，在产量保持稳定的前提下，节约了大量的肥料。

在养殖中也遵循减量化原则，根据不同养殖动物的生长情况，确定合理的饲料配方和喂食方法，在满足动物养分摄入的基础上，合理减少饲料用量，节约了大量的养殖成本。

（2）再利用：提高产品和服务的利用效率，减少一次用品污染。

再利用是循环农业的要求。蔬菜、饲料、肥料包装，需要大量的塑料袋、编织袋或纸盒，这不仅仅是一种成本的投入，如果不妥善处理，也会造成环境污染。为提高利用效率，积极回收已经使用过的塑料袋和纸盒，在保证卫生的前提下，尽量多次使用，降低成本投入和环境污染。

（3）再循环：物品完成使用功能后，能够重新变成再生资源。

再循环是循环农业的核心。在再循环过程中，养分和能源的循环是主要任务。以养分循环为例，作物从土壤和肥料中获取养分，长成后送到养殖场，经动物过腹后部分养分随粪便排出，粪便加工为肥料后，施入土壤中继续为作物提供养分。以能源为例，猪粪送入沼气工程产生沼气，沼气发电供饲料厂加工生产饲料，饲料再进入猪场供猪吸收养分。

（4）可控化：通过合理设计，优化布局接口，形成循环链，使上一级废弃物成为下一级生产环节的原料，周而复始，有序循环，实现"低开采、高利用、低排放、再循环"，最大限度地利用进入生产和消费系统的物质与能量，有效防控有害物质或不利因素进入循环链，提高经济运行的质量和效益，达到经济发展与资源节约、环境保护相协调，并符合可持续发展战略的目标。

现有种养结合模式有多种类型，根据废弃物来源，可以划分为三大类：一是以养殖废弃物无害化农用为核心的技术，如畜—沼液—田、粪—有机肥—田、水产尾水—生态净化—回用；二是以种植废弃物处理为核心的技术，如秸秆—垫料—发酵床、秸秆—饲料—畜、稻田尾水—生态沟渠—回用；三是种养立体养殖技术，如林下养禽、林地养禽、稻田养禽（虾、蟹）。

模式的选择，除了确定农区已经设定功能外，需要对设计对象进行充分考察和调研，需要对整个物质循环链和各个循环节点进行计算与分析，计算物质在循环链中的利用率、回收率和损失率，分析每个循环节点在循环体系中的功能、规模和作用，使整个循环体系发挥最大的物质利用率和回收率。

3. 工程设施配套方案

每个循环体系中循环链是物质流通的路线，循环节点是物质转化点，现实中，除了天然的环境外，就是人工设计的各项工程，从废弃物处理角度，主要体现为3个关键点：一是养殖废弃物处理工程，二是种植废弃物处理工程，三是种养废弃物转化再利用工程。

养殖废弃物处理工程主要是处理养殖产生的粪污，包括收集、固液分离、无害化处理、回收利用等多个处理节点；种植废弃物处理工程，主要包括作物废弃物（秸秆）收集处理和农田尾水回收处理；种养废弃物转化再利用工程主要包括养殖废弃物进入农田（如沼液灌溉、施肥）、农田废弃物进入养殖（生态净化养鱼）和种养立体养殖工程设施（稻鸭、稻蟹等）。

每个循环体系的节点都需要相应的工程设施，而工程设施的运行是整个循环链中物质流的转化和流通的关键节点。一是要对各个环节在循环农业中所起的作用加以规定；二是确定循环体系中各个节点的规模，即每个循环节点需要多大的运行能力才能满足整个体系的循环要求，否则会造成"木桶效应"，影响整个体系的正常循环；三是分析循环体系内外资源的交换量，即控制整个体系需要明确进入多少资源，出去多少产品，产生多少不可循环的废弃物。

因此，在设计和规划种养结合循环农业之前，需要先设计有效的物质循环链，确定每一个节点，绘制循环路线模式图，从理论上完成整个循环体系能量源的流动和转化的计算。

落实到具体建设中，主要工程如下：①养殖粪污预处理工程设施；②肥料化工程；③沼气工程；④秸秆饲料化工程；⑤尾水生态净化等。由于功能和工艺的选择性较大，需要对每个工程在循环体系中的规模、工作方式、处理效果进行评估，选择适合的技术工艺建设合理规模的工程设施。

6.2.3 循环工艺路线图

种植和养殖这两个产业不仅需要消耗大量的能源（肥料、饲料、水、电等），还会排出大量的农业废弃物（秸秆、废草、粪尿等），加工业需要消耗大量的原材料及能源（水、电）。应尽可能充分做到"低开采、高利用、低排放、再循环"，以最低量的投入和排放、最高效率地产生优质农品，使整个农业循环体系得到最高效益。"种–养"循环模式的主要思路是种植、养殖和加工这三个产业所需要的能源、肥料、原材料尽可能从循环体系内获得,而三个产业所产生的各种废弃物均依靠循环体系进行处理,并利用废弃物资源化、肥料化、能源化等技术为体系提供一定的能源、肥料和原材料。严格控制进入循环体系内的各种外源性资源,以及排出体系之外的各种废弃物。重点围绕种植、畜禽养殖与水产养殖三大产业,以"一控两减三基本"为手段,"绿色、生态、循环"为核心,"打造现代生态循环农业"为目标,涉及粪污、秸秆、养殖尾水等废弃物,重点实施畜禽粪污资源化、秸秆综合利用、水产生态循环养殖、化肥农药减量、蔬菜残体和园艺垃圾资源化等工程。其技术路线图如图6.2所示。

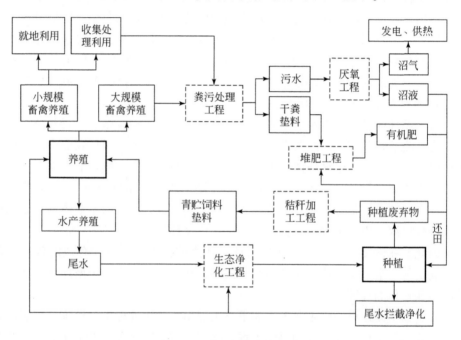

图 6.2 循环工艺路线图

种—养循环包括了 5 个关键工程(主要循环节点)、8 个小循环技术(种—养循环模式)。图 6.2 是整个循环农业的示意图,在整个大循环体系中,种植(含大田、设施蔬菜、生态湿地、园林等)、养殖(畜禽养殖、水产养殖)和加工(饲料化、肥料化和能源化加工工程)是整个循环体系中的基础,所有循环都是围绕这三个基础进行。其基本构成是种植产生的农产品送到加工厂,生产的饲料供养殖;种植产生的废弃物(秸秆、废草)也提供给养殖;养殖产生的粪便还可以产生沼气发电供加工使用,沼液沼渣用于种植。

6.2.4 技术案例

1. 农业废弃物（秸秆）养分资源管理与再利用技术

（1）基本原理。

从区域尺度出发，依据种植业与养殖业总量、布局及生产方式等，从农业废弃物氮磷养分资源高效管理入手，集成国内外已有农业废弃物氮磷养分高效管理与农田归还技术，对于种植业废弃物重点开展区域农作物秸秆（含蔬菜、果茶残留物）产生量及氮磷量时空分布特征调查，以此为基础研发稻麦秸秆机械化还田氮磷原位农田归还技术和离地秸秆厌氧发酵氮磷养分农田归还技术。对于养殖业废弃物，立足种养结合、就近废弃物循环利用，重点研发养殖场污水减量技术、养殖场内粪便机械化堆肥技术及养殖肥水农田回用技术。对于农村生活污水，重点研发与农作物秸秆联合厌氧发酵处理技术。通过对农作物秸秆、养殖废弃物、农村生活污水进行无害化处理与氮磷养分就地归还及区域调配异地归还农田，实现农业与农村废弃物氮磷高效配置和利用，实现农业废弃物氮磷减排。

（2）工艺流程。

a. 种植业残体（农作物、蔬菜、茶果树）氮磷养分管理及多级利用技术研究与示范。

以区域为尺度，在调查分析主要农作物秸秆的产生量、秸秆可收集量及秸秆产生的时空分布特征的基础上，研发稻麦秸秆氮磷原位农田归还技术、秸秆炭化还田减排技术、异地处理后氮磷养分农田归还技术，集成稻麦秸秆机械化技术、还田秸秆快腐剂技术及基于还田的农田水肥管理、病虫草害防治技术，创新研究秸秆还田伴侣技术、环境友好的秸秆还田方式与水肥管理技术，建立高效秸秆氮磷原位农田归还技术体系；研发集成秸秆收集、打捆与转运技术，创新研究以工厂化秸秆快速堆肥技术、秸秆厌氧发酵蔬菜大棚供热供肥技术和秸秆基质化多级利用技术，建立农作物秸秆处理与氮磷养分高效农田归还技术体系。

b. 种养结合氮磷养分管理及污染减排技术研究与示范。

主要包括：①养殖场污染物管理与减量技术，针对农牧结合型养殖场，集成示范养殖场"干清粪""雨污分流""固液分离""干湿分离""粪便堆肥"与"养殖废水净化"等技术，实现养殖场污染物源头减量。②农田氮磷养分管理技术，基于农牧结合生产模式下所栽培作物水肥需求特征，集成优化固（液）态养殖废弃物（水）施用技术、养殖废弃物氮磷部分替代化肥养分技术和畜禽废弃物（水）还田条件下水分管理技术，创新研究养殖场废水农田喷滴技术，形成农牧结合型生产模式下兼具高效消纳养殖废弃物与种植业优质高产的农田氮磷养分管理技术体系。

c. 分散型养殖场废弃物养分管理及多级利用技术研究与示范。

针对具有垫料饲养经验和条件的分散式养殖场（户），集成示范发酵床养殖氮磷污染物零排放技术、废弃发酵床垫料堆肥还田技术等；针对无垫料饲养经验和条件的分散式养殖场（户），集成优化小规模养殖的粪污减量管理、无害化处理后直接还田及厌氧发酵提取沼气后还田技术。形成分散式养殖场（户）畜禽养殖污染物减排与废弃物氮磷养分管理技术体系。

d. 环境中养分利用及减排技术研究与示范。

以自然村落或集镇生活区为尺度，调查分析生活区生活污水产生量、氮磷浓度及二者时空分布特征，创新研究农村自然村落或集镇生活区地表径流低成本高效收集技术，生活污水与农作物秸秆、畜禽粪便等共发酵技术等，集成示范集中供气与沼液沼渣还田技术。

（3）技术创新点及主要技术经济指标。

技术成果的创新点和优势体现在以下几个方面。

a. 稻麦秸秆机械化全量碎草匀铺还田技术及麦秸还田对后茬水稻秧苗毒性消除技术。

研制出收割-碎草-匀铺一体机，还田秸秆均匀度由常规的 112.5 g/m^2 提高到 145.2 g/m^2，变异系数则由常规的 0.60 降低至 0.25；明确了利用麦秸腐解液育秧期处理秧苗及适宜水肥管理可减轻与消除麦秸腐解对水稻幼苗产生的毒害作用，提出了麦秸还田的同时，可通过配施一定量的肥料、秧苗移栽前适当泡田、稻田建立双倍水层、更换稻田水等管理措施，减缓麦秸还田对水稻生长的负面影响。

b. 多元物料混合水解及秸秆床厌氧发酵工艺技术。

优化出影响多元物料混合水解效果的因子（温度、水解液排出体积、循环处理频次等），并证实了添加猪粪可明显促进麦秸有机物的水解溶出；研发出以打捆秸秆为固定相、养殖废水和生活污水为流动相的秸秆床厌氧发酵工艺，通过淋滤液回流，同时采用增加导气管、增加缓冲空间及导气管+缓冲空间的方式改善了秸秆床反应器内发酵环境，可明显提高系统整体发酵产气效率。

c. 蔬菜秸秆残体厌氧发酵大棚补光补肥增温技术。

评估了区域果蔬秸秆的理化特性、资源量，并评价了叶菜、茄果及根茎等蔬菜残体厌氧发酵特征及适宜性、单位面积与原料总固体（TS）产气潜力；研发出适用于种植业废弃物特性的厌氧发酵技术及发酵装备；构建了沼气、沼液和沼渣合理利用技术体系，特别是开发出滴灌带手动回收装置；通过建立蔬菜种植废弃物循环技术链，形成一种高效利用资源、提高生产效益的生态农业模式。利用蔬菜残体厌氧发酵产生的"三沼"(沼气、沼液、沼渣)种植草莓明显提高了草莓产量和营养品质,草莓较常规种植提早 10 天上市,单果重提高2.9%~3.79%。

d. 种养结合条件下畜禽养殖废弃物养分管理及循环利用技术。

估算了区域畜禽粪便产生量;发明了有效提高粪便收集与污水减量、粪尿固液分离技术;研发出猪、牛舍内设计与分流装置,可减少养猪场冲洗用水 30% 以上,减少粪污水储存及处理单元容积 50% 以上;集成优化了固(液)态养殖废弃物(水)施用技术、养殖废弃物氮磷部分替代化肥养分技术和畜禽废弃物(水)还田条件下水分管理技术,构建了农牧结合型生产模式下兼具高效消纳养殖废弃物与种植业优质高产的农田氮磷养分管理技术体系。

(4)实际应用案例。

应用单位:宜兴市周铁镇人民政府。

该技术系统在宜兴市周铁镇棠下村区域种植业污染物联控综合示范工程进行了应用,示范区总规模约 3000 亩,建立了秸秆全量机械化还田、秸秆+生活污水+畜禽粪污联合厌氧发酵、蔬菜残体厌氧发酵、畜禽养殖场污染物减量减排 4 个示范工程,研发的核心关键技术及装备在示范区进行了试验与示范。其中,农作物秸秆含量机械化还田技术在项目核心示范区 3000 亩实现了全覆盖;秸秆+生活污水+畜禽粪污联合厌氧发酵技术在项目核心示范区钱家自然村得到示范应用,在实现农户集中供气的同时,2013~2015 年共消纳秸秆、生活污水和畜禽粪污 1313.1t,产生的沼液 1088.5t 和沼渣 60.7t,通过沼液沼渣还田向示范区工程周边区的约 70 亩农田累计施入 N 477.6kg、P_2O_5 217.7kg、K_2O 288.2kg,节约化肥氮素养分投入 32.5%、磷素 65.2%、钾素 42.0%,肥料综合成本节省约 20%;蔬菜残体厌氧发酵工程收集处理 200 亩残体进行厌氧发酵,年消纳蔬菜秸秆残体约 60t,产生的沼气用于大棚蔬菜增温补光,产生的沼液沼渣作为蔬菜大棚肥料施用;畜禽养殖场污染物减量减排工程在万石镇永谊猪场示范了"三分离一净化"及废水农田回用技术,即雨污分离、干湿分离、固液分离、厌氧发酵-生态净化技术,净化废水喷滴灌回用技术等,年出栏 4000~6000 头猪场实现了粪尿原位分离、雨污分流和干湿分离,减少污水产生量 30% 以上,粪便堆肥还田,污水经沼气发酵后沼液通过淌灌、喷灌和滴灌等形式 70% 以上得到还田利用,剩余部分通过生态沟渠塘系统净化,达到《城镇污水处理厂污染物排放标准》(GB 18918—2002)一级 B 标准,达标排放。技术系统效果明显,达到了设计预期和工程考核目标。

技术来源单位:江苏省农业科学院。

2. 优质柑橘园秸秆还园大球盖菇套种栽培利用技术

（1）基本原理。

根据三峡库区优质柑橘园的建设标准和地形特点，利用农业废弃物（植物秸秆和糠壳）和柑橘园的基础设施，在柑橘林行间进行大球盖菇套种栽培，构建一种经济价值较高、生态良性循环的三峡库区优质柑橘园典型复合利用模式，提供一种三峡库区优质柑橘园秸秆还园大球盖菇套种栽培利用方法。

（2）工艺流程和参数。

该方法的技术要点主要由三部分组成：①根据大球盖菇特有的生活习性和三峡库区的气候特点，选择适宜的大球盖菇套种栽培时间；②根据三峡库区的种植制度和三峡库区柑橘园的实际情况，进行大球盖菇套种栽培培养料的配制；③根据三峡库区柑橘园的建设标准和地形特点，进行大球盖菇套种栽培铺料播种。

其具体工艺流程和参数如下。

A. 三峡库区优质柑橘园秸秆还园大球盖菇套种栽培时间选择的工艺流程和参数。

根据大球盖菇特有的生活习性和三峡库区的气候特点，在三峡库区优质柑橘园内套种栽培要在 8 月下旬或 9 月上旬起开始投料播种，10 月开始出菇，元旦起开始大量出菇，春节前出完 3~4 茬菇，正月间出 3~4 茬菇，2~3 月出 5~6 茬菇，4~5 月出 4~5 茬菇，5 月末出菇结束。

B. 三峡库区优质柑橘园秸秆还园大球盖菇套种栽培培养料配制的工艺流程和参数。

大球盖菇是典型的草腐菌类，菌丝分解木质素能力较差，分解纤维素能力较强，可以充分利用当地农作物秸秆、糠壳等原料栽培。栽培实践表明，使用两种以上原料混合使用，可以相互补充各自的营养不足，利于提高菌丝浓度，从而提高产量。玉米秸秆、豆秆等质地较硬、较长的原料最好用扎草机切成 2~4cm 碎渣片，稻草在低温期经水 24h 即可使用，糠壳无须提前处理。混合培养料中不能加入氮、磷、钾等肥料。栽培实践表明，培养料混有土壤的基质中，球盖菇菌丝生长特别浓密、发生菇体肥大、出菇后劲足、产量明显增加，根据不同比例加土试验认定，合成料中加入营养土，最好是草炭土，100kg 混合培养料应加入 30kg 营养土，可增产 20% 左右。

a. 合成培养料配比。

a）单独使用稻草、糠壳、小麦秸或玉米秸秆各 100%、营养土适量；

b）稻草或玉米秸秆 50%，糠壳 50%，营养土适量；

c）糠壳 85%，木屑 15%，营养土适量；

d）糠壳 70%，玉米秸秆（粉碎）30%；

e）糠壳（稻草）85%，草炭土 15%。

根据三峡库区优质柑橘园的实际情况，在自然气温 25℃以内的环境条件中，单独或混合使用稻草和糠壳经浸水适度后，就可以进行生料栽培，工本费用低，但产量偏低。稻草或糠壳经调湿适度后，在 25℃以内就可以铺料播种了。

a）稻草浸草方法：可将稻草投入沟池中，引入干净水浸泡 48h 后捞出沥水，也可以将稻草铺在地面，采用多天喷淋方式使稻草吸足水分，每天多次喷浇水、翻动多次，使稻草吸水均匀，含水量达到 70%~75%。用手抽取有代表性的稻草一把，将其拧紧，若草中有水滴渗出而水滴是断线的，表明含水量适度，若拧紧后无水滴浸出，说明含水量偏低，需继续浸润。

b）糠壳调水方法：大水喷淋，边浇水边用铁耙子、铁锹翻拌，使糠壳润透水，无干料，含水量宜大不宜小。

b. 合成培养料堆积发酵。

合成培养料经过堆积发酵处理。培养料堆积发酵的好坏与育菌成品率及产量密切相关。首先将堆积场地用辛硫磷 1500 倍液进行全面杀虫处理，将调湿适度的培养料堆成底宽 3m 左右、高 1.5m、长不限的梯行堆，堆表呈平面，避免大底尖堆形。料堆过大，中心易缺氧，影响发酵效果，料堆好后从料堆顶面向下打孔洞至地面，孔距 40cm，孔径 10cm 以上，并在料堆两侧面间距 40cm 扎两排孔洞至料堆中心底部，防止料堆中部和底部缺氧产生酸度。料堆四周用草帘封围，顶部不封盖，3~4 天堆内开始升温。当料堆内温度达到 55℃时，开始计时，保持 48h 以上，当料内有白色粉末状高温放线菌出现，开始第一次翻堆，翻堆时将内层温度较高的部位料翻到地面层，表层及地面邻近的低温料翻到高温层位置，不能无规则地混翻。重新建堆后扎孔洞，当料温再现 55℃以上时，再保持 2~3 天，检查培养料理化程度，当料呈茶褐色、料中有大量粉状白化物、无氨臭及尿酸味、质地松软即为发酵好的标志。发酵好的料要及时散堆，降温调水，准备铺料播种，如长期堆积、发酵过头，使料中营养过分消耗，极不利于菌丝正常生长，轻者减产，重者绝收。在散堆时，要进行一次调水降温，使料含水量补足到 75% 左右，当料温降到 25℃以下时方可铺料播种使用。

（3）三峡库区优质柑橘园秸秆还园大球盖菇套种栽培铺料播种的工艺流程和参数。

培养料经调水降温后方可使用，为了方便运料及铺料，最好将培养料装入编织袋内运往栽培场地。具体的铺料播种步骤如下所述。

a. 第一层铺料：首先沿柑橘 1 行间走向（柑橘 1 的行株距通常为 4m×3m）将大球盖菇培养料 2 铺设在行间形成宽 1.2~1.4m、厚 7~8cm 的料床，料床两边与柑橘树距离相等；然后将料床沿行间走向平分成两个料垄，垄间距 10 ~ 12cm，形成一床双垄模式，见图 6.3。这种窄条幅双垄模式增加了投料量，柑橘园利用率可大幅提高。自然气候的高温突变是不依人们的意志所转移的，持续高温易造成菌床内部升温缺氧，造成栽培损失，双垄窄床铺料方式能有效防止料床温度升高且透氧性能好，有助于球盖菌丝正常健旺地发育生长。根据大球盖菇易在畦床边缘密集出菇的习性特点，一大床分成双垄又能增加两个边缘，增加了出菇效应，从而提高了产量。

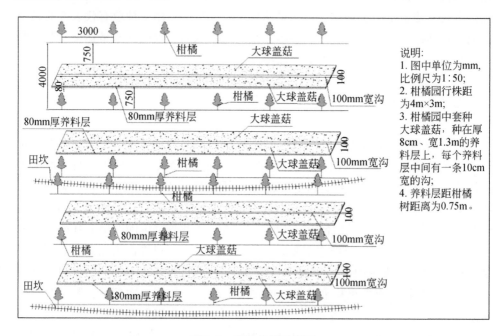

图 6.3　套种栽培示意图

　　b. 穴播种：第一层铺料完成后，进行穴播种，将大球盖菇菌种掰成核桃大小块状，每一料垄穴播 3 行，行距和穴距均为 8 ~ 10cm。

　　c. 第二次再铺料：穴播完第一层菌种后，再在第一层培养料上铺设第二层培养料，第一层培养料进行穴播种的地方铺 2 ~ 3cm 厚，其余地方铺 7 ~ 8cm 厚，整理料垄呈龟背形；该垄沟最易大量出菇且菇的质量最好。

　　d. 第二次表层播种：在铺设第二层培养料的每一料垄上将大球盖菇菌块穴播 3 行，行距和穴距均为 8 ~ 10cm，穴播位置在第二层培养料厚 7 ~ 8cm 的地方，使上下对应行菌种错开；菌块按入料中深度为 1.5 ~ 3cm，再用培养料将料垄点穴处盖严，最后整理料垄呈垄形，避免覆土时料垄塌方不规整。

　　e. 覆土扎孔：第二次菌种播完后，在料垄上覆盖厚度 2 ~ 3cm 的一层土壤盖严培养料，覆土后在料垄两侧扎 3～5cm 粗的孔洞，洞孔走向由下向上，防止在保湿浇水或下雨时使水流入孔洞料中。相邻三孔洞呈"品"字形布置，孔洞间距 20～25cm。覆土扎孔后，林地遮蔽度大的地块可以不用覆盖稻草，至此套种栽培完成。否则，还要马上进行料垄覆稻草。7～8 月高温期栽培覆盖物要厚一些，防止由于柑橘园遮阴度不够，使阳光直射菌床，产生辐射热量向料垄内传导伤菌。覆盖稻草时要厚度均匀，不能露出覆土。

（4）技术创新点及主要技术经济指标。

该套种栽培方法提供一种经济价值较高、生态良性循环的三峡库区优质柑橘园复合利用模式，消纳农业废弃物，改良土壤理化性能，提高土壤肥力，削减柑橘园面源污染负荷，具有如下技术创新点。

a. 该方法利用廉价的或不花钱的植物秸秆和糠壳作为培养料的原料，能消纳大量的农业废弃物，变废为宝。

b. 大球盖菇在生长发育过程中，呼出二氧化碳、吸收氧气，而柑橘林生长光合作用需吸收二氧化碳、呼出氧气，正好形成互补，互相利用共同生长，既收柑橘又收菇。

c. 柑橘园套种大球盖菇可抑制杂草丛生，减轻柑橘园病虫害。种菇后的废料是优质的有机肥，可改良土壤理化性能，提高土壤肥力，更好地促进柑橘生长。

d. 柑橘林下的枯枝败叶非常容易被大球盖菇菌丝分解转化利用，菌床表面采用柑橘园肥沃的营养土作为覆土层，更加有利于提高大球盖菇栽培产量，是生态良性循环的典型模式。

（5）实际应用案例。

应用单位：重庆市江津区慈云镇凉河村村委会和小园村村委会。

在重庆市江津区慈云镇凉河村和小园村，根据三峡库区柑橘园的建设标准和地形特点，利用农业废弃物（植物秸秆和糠壳）和柑橘园的基础设施，在柑橘林行间进行大球盖菇套种栽培，从 2013～2016 年共进行示范套种栽培 550 亩。通过优质柑橘园秸秆还园大球盖菇套种栽培利用技术的示范应用，重庆市江津区慈云镇凉河村和小园村达到了以下生态和经济价值：

a. 亩均消纳秸秆 3～5t；

b. 土壤有机质提升 15% 以上；

c. 柑橘肥料施用量减少 30% 以上；

d. 亩均经济效益提高 1000 元以上。

根据技术就绪度的分级标准，该项技术已通过可行性的小试研究，形成初步的完备工艺流程及效果分析，且具有较大的示范规模，氮磷肥料减施的比例在

30%左右，而且已经取得了一定的经济效益。

技术来源单位：西南大学、中国科学院成都生物研究所。

3. 农业废弃物清洁制备活性炭技术

（1）基本原理。

大连理工大学利用热解气供能和活化的工艺原理，自主研发了Ⅰ代装置（新型清洁高效活化炉），并完成中试基地建设和工艺验证。在此之上，安徽合远环保设备有限公司研发了该项目的自动化高端装备——Ⅱ代装置（一体式内燃炉）。

a. Ⅰ代装置（新型清洁高效活化炉），完成炭化与活化一体化设计，整套设备自上而下主要包括双封闭进料区、干燥热解区、承压隔断、气化活化区及固体产物出料区。承压隔断将干燥热解区和气化活化区分隔，成型原料经双封闭进料区送入干燥热解区，干燥热解区下部发生热解反应，产生热解气、焦油及半焦，半焦经承压隔断落入气化活化区，热解气及焦油以气态形式向上流动，流动过程中焦油被多次重整后完全去除并裂解成热解气及半焦，大大提高了热解产物品质。活化介质采用高温热解气，高温热解气对气化活化区内剩余半焦进行活化，不断丰富半焦微孔结构，最终生成比表面积较大的活性炭。

b. Ⅱ代装置（一体式内燃炉），延续了Ⅰ代装置的优点，采用新型物理活化法（热解气活化法）、系统自供能模式及连续法清洁制备活性炭方式。内燃炉由送料装置、抽真空装置、反应装置、燃烧装置及出料装置等构成。物料从送料、反应到出料过程连续进行，生产不间断，自动化程度高。反应过程中物料产生的热解气一部分用作活化介质，一部分进入燃烧装置燃烧加热内燃炉，系统不需要外部燃料，自产自用，实现资源的最大化利用。

（2）工艺流程（图6.4）。

a. 破碎和干燥。

秸秆由提升机送至料仓，再经过给料机将秸秆均匀、定量、连续地送入粉碎机进行破碎，破碎后的秸秆颗粒应在3～30mm，一般含水率40%。秸秆颗粒再经过气流烘干机干燥，在120～200℃的条件下干燥30min，使含水率达到10%～20%，初步设定秸秆颗粒的容积重为100kg/m³，干燥所需热量可以从一体式内燃炉内燃烧产生的烟气获得，节省燃料。

b. 炭化和活化一体。

采用新型物理活化法可以生产中比表面积活性炭，采用新型化学物理活化法可以生产高比表面积活性炭。方法不同，生产工艺也不同。

c. 筛分。

将活性炭粗品于一体式内燃炉取出之前，要向可拆卸成品仓内通入水蒸气，

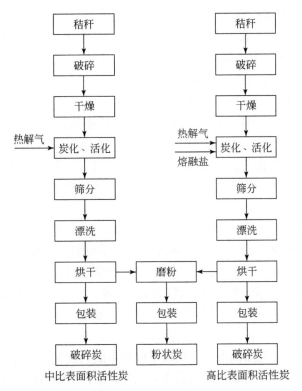

图 6.4　技术工艺流程图

通过水蒸气将可拆卸成品仓内残余的有毒/可燃气体携带排出，可拆卸成品仓内气体未排净或温度高于50℃时禁止取炭，禁明火。

活化料经冷却后送往气流筛分机，经旋转风轮的作用，使物料呈旋风状喷射过网，通过筛网的活性炭进入沉降室，不能通过筛网的杂质，落入筛盘内由排渣口排出机外。

d. 漂洗。

漂洗的目的就是除去炭中的杂质，提高炭的纯度。由于原料炭中都有一定的灰分，在活化过程中灰分都转入活性炭中，如不处理，活性炭作为液相吸附操作的吸附剂，其灰分中的某些成分会转入液相，严重影响产品的纯度。

e. 烘干和包装。

漂洗过的活性炭含水率较高，应进行干燥，干炭冷却后即为成品。为保证产品质量的均匀性，一定批量的干炭进入混合器中混合均匀后再进行包装。

f. 技术参数。

物料配比：3t秸秆清洁制备1t中比表面积活性炭；5t秸秆+0.4t熔融盐清洁

制备 1t 高比表面积活性炭。首次开炉制取中比表面积活性炭，从原料进料到活性炭出料生产周期 3h，随后连续出料；首次开炉制取高比表面积活性炭，从原料进料到活性炭出料生产周期 6h，随后连续出料。炉内温度 100 ~ 800℃（分区），熔融盐控制温度 400 ~ 500℃。

(3) 技术创新点及主要技术经济指标。

a. 创新了活性炭一体式连续化生产模式。传统活性炭制备大多数为分体式（炭化到活化分开进行）及间歇式（每一炉需停炉取炭），由此导致生产效率大幅度下降。该技术炭化、活化反应在一个装置内进行，省去开炉、冷却、取炭过程，实现炭化、活化一体化；通过自动输送装置进料出料，无须停炉，实现连续化生产。

b. 创新了活性炭制备自供能（无须外部能源）生产模式。全球活性炭生产需要消耗大量的外部能源，以年产 500t 超级电容活性炭为例，年需要消耗能源费用占总成本的 30%。《中华人民共和国国民经济和社会发展第十三个五年规划纲要》中提出应树立节约集约循环利用的资源观，推动资源利用方式根本改变，加强全过程节约管理，大幅度提高资源利用综合效益，全面推动能源节约、节水型社会建设，大力发展循环经济，提高建筑节能标准，实现重点行业、设备节能标准大覆盖。该技术利用高温下生物质反应产生的热解气，一部分热解气回到炉内作为活化剂，另一部分进入燃烧器作为燃气，活性炭制备过程无须外部能源。

c. 创新了活性炭制备自清洁（无焦油、无任何污染物排放）生产模式。传统活性炭制备过程中易产生大量焦油，导致设备堵塞，生产效率大幅度下降，同时，管网设备清理需要消耗大量化学品导致环境污染。《中国制造 2025》提出全面推行绿色制造，"加强节能环保技术、工艺、装备推广应用""加快制造业绿色改造升级""推进资源高效循环利用""努力构建高效、清洁、低碳、循环的绿色制造体系"等核心内容。该技术高度贯彻执行绿色发展的战略方针，实现绿色工艺与高端装备的深度融合，全面实施清洁生产，加快传统活性炭制造业的绿色改造升级。

d. 创新了活性炭无水耗生产模式。目前，活性炭生产企业，每生产 1t 中高比表面积活性炭，需要消耗 25t 水，大量的废水排放导致环境污染，需要二次治理。该技术利用熔融盐高温条件下良好的渗透性，在还原性气氛下对原料进行开槽扩孔，不需要水/水蒸气，实现无水耗生产。

e. 创新了农业废弃物资源化利用新模式，实现农业废弃物高值化利用。随着人口的增长和人民生活水平的提高，能源需求不断增长，煤基（煤、石油）、木基（木材、果壳）资源日趋紧张，农业废弃物资源化开发利用引起了广泛关注。目前，没有企业可以提供以农业秸秆为原料，实现一体化连续生产中高比表面积活性炭的先进装备。该项目以秸秆为原料，制备成本低，原料来源取之不尽，开启了全球活性炭清洁生产、廉价制备和廉价应用（包括大规模应用）新时代。

第一阶段完成高端装备集成制造，即"活性炭清洁制备自动化高端装备生产线"两条。按照年产 4000t 活性炭（两条线计算）清洁制备示范基地规划，项目装备建设投资为 3000 万元（高端装备线 1500 万元/条），流动资金 692 万元，生产活性炭单位成本 5169 元/t。其中，单位能耗 247 元/t（传动器等耗电），单位物耗 2500 元/t（每吨活性炭消耗 5t 秸秆）。年产 4000t 活性炭可实现年销售收入 4200 万元（不含税销售价格 10 500 元/t），年净利润 1786.59 万元，综合毛利率 50.77%，项目内部收益率 59.41%，税后投资回收期 2.3 年（含建设期 6 个月）。

（4）实际应用案例。

项目落地定远中德先进制造产业园，初步规划占地面积 50 亩，厂房及综合楼建筑面积 1.8 万 m^2，该项目已于 2019 年下半年开工建设，完成"五通一平"。为确保该项目产业转化进程，前期利用盐化产业园 4 栋标准化厂房进行自动化测试线建设，待中德先进制造产业园建设完成后，整体回迁，盐化产业园 4 栋标准化厂房作为年产 4000t 生物质活性炭清洁生产示范基地。

技术联系单位：中合新农业科技（合肥）高新技术产业研究院有限公司。

4. 陆域水产养殖水序批式置换循环生态处理与再利用技术

（1）基本原理。

在养殖污水处理运行中，进行不同养殖对象塘水体有序、分批置换与间歇循环使用，技术核心是将原位生态修复、异位湿地处理、生态养殖模式等功能集于一体，实现养殖水净化与循环利用，达到养殖水"零排放"、节水、节地、节能、高端、高效。该技术由以下三个支撑技术组成：

a. 高效养殖模式构建技术；

b. 养蟹塘原位生态修复技术；

c. 养殖区原位与异位湿地处理技术。

（2）工艺流程。

a. 原位生态修复：首先于冬歇期对蟹塘进行干塘清整，维持底泥约 5cm，用生石灰 2340~2985kg/hm²，全塘泼洒消毒 10 天，水温为 5℃以上，选择伊乐藻为春季先锋种，轮叶黑藻为夏秋季主要植物。伊乐藻移栽时，按照 2m×3m 行间距扦插，扦插深度 3~5cm，栽种密度为 5~7g/L，随着伊乐藻生长，逐步加水，使水深为 1.2~1.5m。2 月下旬投放中华绒螯蟹，3 月投放苦草籽 1kg/亩，6 月开始分阶段移除过量伊乐藻，使苦草、轮叶黑藻主要发挥净化水质的功效。

b. 原位生态修复和异位湿地处理相结合措施：11月下旬中华绒螯蟹捕捞后，有序分批地抽取鱼塘与鱼苗塘的养殖废水至蟹塘，进行净化处理，其间鱼塘异位处理20天，然后鱼苗塘异位处理20天。12月17日开始，用2天时间抽取鱼塘中（50%）的养殖废水（水位降低0.5m、水量减少4002m³）至异位湿地处理场所蟹塘中进行净化处理，将净化处理后的水排回鱼塘再利用。1月10日开始，用1天时间抽取鱼苗塘（50%）的养殖废水（水量2335m³），排至异位湿地处理场所蟹塘中，净化处理后，将水排回至鱼苗塘再利用，削减养殖废水排放。

（3）技术创新点及主要技术经济指标。

a. 技术创新点。

a）养蟹塘原位生态修复技术。

b）原位生态修复和异位湿地处理相结合。

b. 主要技术经济指标。

工艺简短、易操作、运行费用低、适应性强，由养殖户进行日常的运行维护管理，专业人员提供相关技术支持和指导，并对示范工程的运行效果进行检测，无二次污染。2010年对技术示范区以2月/次的频率采样监测水质，结果表明该区的2个蟹塘水质均总体达到国家地表水Ⅲ类水标准。鱼塘水质总体为国家地表水Ⅳ到Ⅴ类水。2011年对推广示范区以3月/次的频率采样监测水质，结果表明，该区的3个塘水质均总体达到国家地表水Ⅲ类水标准，推广应用效果良好。

（4）实际应用案例。

应用单位：江苏省无锡直湖港胡埭镇龙延村。

以无锡直湖港胡埭镇龙延村养殖塘为核心技术基地，面积30亩，进行水产养殖污水循环处理的技术综合示范。示范的技术主要有高效养殖模式构建技术、养蟹塘原位生态修复技术、养殖区原位与异位湿地处理技术等。蟹塘水质整年较稳定，主要理化性质与生物学指标优于周围鱼塘和河道水质，达到国家地表水Ⅱ～Ⅲ类标准；蟹塘对鱼塘与鱼苗塘废水处理效果明显，经20天处理，鱼塘的高锰酸盐指数、铵态氮、总磷、总氮、叶绿素a削减率分别为58%、55%、75%、65%、60%；鱼苗塘的高锰酸盐指数、铵态氮、总磷、总氮、叶绿素a削减率均超过45%，水质总体达到Ⅲ类水标准，其中鱼塘铵态氮达到Ⅱ类水标准。同时，蟹塘整体水力负荷较大，水力停留时间（HRT）为30～40天，处理6336m³养殖废水时，水力负荷为0.02～0.03m³/（m²·d），有效改善水质，能将劣Ⅴ类的养殖废水净化处理为Ⅲ类水标准，并保持相对稳定。

技术来源单位：中国科学院南京土壤研究所。

6.3　农村生活污水污染 "生–种" 控制技术

6.3.1　问题分析

近年来，随着社会主义新农村建设和城乡一体化的推进，农村人居环境整治工作越来越重要，也是实现乡村振兴的重要手段。农村生活污水治理是人居环境整治的重点也是难点。由于农村的经济基础薄弱、地形条件复杂、居民居住分散等特性，污水处理项目不能照搬城市的方法，否则不仅会造成财力物力的浪费，也会影响环境效益的实现。2019 年 7 月，农业农村部、生态环境部等九部委联合发布了《关于推进农村生活污水治理的指导意见》(中农发〔2019〕14 号)，意见指出要按照 "因地制宜、尊重习惯，应治尽治、利用为先，就地就近、生态循环，梯次推进、建管并重，发动农户、效果长远" 的基本思路，从我国农村实际情况出发，以污水减量化、分类就地处理、循环利用为导向，寻求低能耗、低投资、少运维、处理效果稳定、可资源化的污水治理模式。

农村生活污水的主要来源是厨房用水、洗浴水和冲厕水，污染物相对简单，一般只含氮、磷和营养盐，基本不含重金属和有毒有害物质，生化性好，对于集中收集的污水经适当处理在尽量保留污水中氮、磷营养物质的同时，削减 COD、SS、粪大肠杆菌群等到安全灌溉浓度以下，能满足《农田灌溉水质标准》(GB 5084—2021)，使农作物获得安全灌溉的水质和肥效，符合低碳循环发展的要求，因此，在工艺选择上，除在环境质量要求较高的敏感区域或直接入河的地区，采用对污染物去除率较高的尾水达标排放的工艺，对于大多数农村地区，生活污水经过适当处理可以作为果蔬或农田肥料，实现污水资源化利用。对于黑灰水分类收集处理的项目，灰水经简单的土地处理后可回用，尿液与粪便分离后可直接用于农作物施肥，干粪便堆肥返回农田。

基于现有农村污水治理现状及生活污水水质特点，本研究提出将农村生活污水处理与农业种植有机结合的 "生–种" 治理模式。充分利用农业种植生态处理和氮磷资源化利用的有利条件，构建工艺简单、操作管理方便、氮磷资源化利用的污水处理模式，提出农村生活污水资源化利用的方式和途径，解决传统农村生活污水处理存在的高能耗和系统脆弱性的问题，是我国农村生活污水治理的方向。但是根据目前我国农村特点，采用此模式还存在一些问题。

1. 农村生活污水资源化利用率低

部分地区脱离农村实际，盲目追求污水达标排放，不仅建设和运行费用高，造成资源浪费，且不便于后期管理。有研究对我国 2000～2016 年共计 119 项小于 1000m³/d 的农村生活污水处理工程案例进行了文献统计，共 84 篇文献注明设计出水标准，其中，执行各类排放标准的文献占 94%，执行农田灌溉水质标准的仅占 6%。资源化利用水平低的主要原因除地方政府盲目追求农村生活污水处理高标准外，资源化利用配套设施、激励机制不健全，农民资源化利用积极性不高也是重要原因。

（1）缺乏引导和激励机制。自 2008 年中央财政设立农村环境综合整治专项资金以来，已建污水处理设施出水以满足《城镇污水处理厂污染物排放标准》（GB 18918—2002）要求为主，各省农村生活污水排放标准自 2019 年才陆续发布，标准引导的缺失导致农村污水治理思路受到很大局限，工艺的研发缺少对资源化利用技术的研究与实践。缺少污水资源化利用的政策激励机制，农村居民无法从中直接获益，特别是对于南方丰水地区的农民，回用积极性不高，造成氮磷资源的浪费。

（2）配套设施建设不完善。我国农村大多数村庄居住较分散，且老龄化严重，粪污回田等劳动强度大。但大部分农村地区经济基础比较薄弱，尾水、粪污储存、输送等资源化利用配套设施不健全，导致资源化利用率低。

（3）对尾水资源化利用认识不足。受长期以来农村居民生活习惯的影响，农村生活污水随意排放，尽管当今严重的水资源短缺形势与严峻的水污染现实迫使农村居民不断地调整和改变对生活污水利用的认识，但农村居民始终未能真正地将尾水的资源化利用放在十分重要的位置，很多农户采用污水直接灌溉方式解决农用水不足问题，未认识到污水直接灌溉对农作物、土地甚至地下水环境的影响，导致污水资源化利用项目不能得到充分实施。

2. 污水排放与种植业用水需求不平衡

农村污水采用"生-种"模式的重点在于尾水灌溉。污水排放与种植业用水需求之间的不平衡主要体现在两方面，一是农田灌溉具有明显的季节性和非持续性，也就是只有当农田缺水时才需要灌溉，而且农田对尾水的接纳也有一定的限度，不仅每次的灌水量有一个上限，而且全年能够接纳的尾水总量也有一定的限制。二是污水的排放是持续不断的，因此，会有灌溉剩余的尾水和非灌溉期多余灌溉水产生，这些再生水直接排入河流，容易引起水体富营养化，造成二次污染。尾水灌溉供给量与需求量之间存在不平衡时，必须增设环境风险控制单元，否则，就会超出农田的自净化能力，造成农田、地下水和下游水体的污染。

3. 污水资源化灌溉对不同植物品质及土壤环境的影响有待长期研究

目前国内外学者对处理后污水用于灌溉开展了大量研究，部分研究表明再生水灌溉对农作物生长有促进作用，对土壤不会产生不良影响，但是也有研究发现，再生水会对一些作物的生长产生不利的影响，但是短期的浇灌并不会产生较大危害。有国外学者研究得出再生水灌溉对葡萄生长会有一定影响，再生水中的N、P等营养元素可以被葡萄很好地吸收利用，但葡萄叶片中过多的磷、钾含量对葡萄生长存在潜在的风险。因此，污水资源化灌溉对不同植物品质及土壤环境的影响有待长期研究。

6.3.2 技术思路

采用"生-种"资源化利用模式要在有利于环境保护的前提下开展，严格遵照《农田灌溉水质标准》（GB 5084—2021）中的要求进行污水灌溉，要根据土壤的自净化能力和作物的需水需肥要求进行灌溉，在污水灌溉的同时要根据污水的肥力特点调整施肥方案，防止某种营养元素过剩而造成养分流失，同时关注水体的富营养化，制定应急措施，发现问题，及时采取措施。针对采用"生-种"模式存在的问题，从技术角度提出以下解决思路。

一是针对尾水资源化率低的问题，加强政策引导和配套设施建设，同时通过技术研发降低设施运行维护管理难度，降低运行成本甚至实现一定收益，提高资源化利用积极性。东南大学研发的"厌氧+跌水曝气+经济型人工湿地"技术，在优化湿地构型的基础上，人工湿地单元用经济作物替代传统湿地植物，实现氮磷资源化利用的同时获得一定经济效益，可以解决污水治理设施运行维护费用的问题。

二是针对污水排放与种植业用水需求之间不平衡的问题，根据水量情况及尾水去向采取措施，对于处理规模小的处理设施，且有足够用地要求的地区，可以考虑建设尾水储存构筑物，注意考虑防渗要求；在污水量比较大、土地资源紧张的地区，根据尾水去向，对资源化技术工艺进行调整，增加可控的曝气、回流设备或增设后续处理单元，通过运行参数和设备的调控，灌溉季节按灌溉水标准进行处理，非灌溉季节按达标排放标准进行处理，实现按需回用。

三是污水尾水灌溉短期内尚不能显现出不利影响，但要重点考察处理后污水对作物的长期灌溉效应，在灌溉过程中要采取慎重的态度，建立定点灌溉长期监测机制，评价利用处理后的污水灌溉对作物品质与土壤环境的影响，污水灌溉对土壤环境的影响是积累性、长期性的，若使用污水进行灌溉需要对灌溉污水和土壤进行长期监测，防止土壤受到重金属污染。

6.3.3 技术模式

针对"生-种"技术模式,考虑从"收集—资源化处理"的全过程组合工艺及解决处理工艺各阶段具体问题的技术包两方面进行分析,为农村生活污水与种植业生产的结合提供可行的技术支持。

1. 组合工艺

从组合源头收集—预处理—资源化技术角度,针对农村生活污水处理后用于灌溉的资源化利用问题,提出组合工艺流程(图6.5)及4种"生-种"模式。

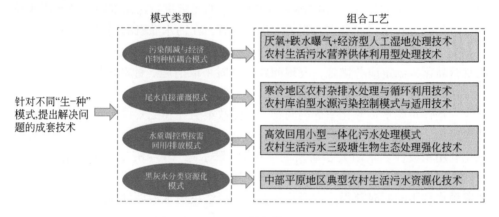

图6.5 "生-种"技术模式组合工艺

2. 技术包

针对资源化技术的每一个环节对相应处理技术进行总结,得到"生-种"模式的技术包(图6.6)。

农村生活污水经处理后可以分两部分进入种植系统,一部分是以水源的形式,另一部分是以肥料的形式。收集处理方式包括混合水集中收集和黑灰水分质处理两种。

混合收集处理的生活污水包含洗浴水、厨房水、冲厕水,生活污水经资源化处理后为种植业生产提供水源。主要包括源头的污水收集系统、中间的污水资源化处理系统,每个环节都有相应的支撑技术(图6.7)。污水收集系统将污水从住户收集输送至污水处理系统,由于农村排水现状复杂、地形千差万别,收集效果直接影响污水处理设施的运行情况。根据现有农村污水特点及水专项成果,从

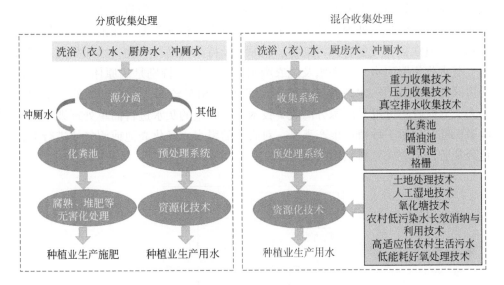

图 6.6　"生-种"模式技术包

管网收集技术、无序散排污水收集技术两方面总结具体问题提出源分离新型排水
模式技术、同线合建分流式复合排水管道系统、分散污水负压收集技术、新型真
空排水技术、村落无序排放污水收集处理及氮磷资源化利用技术；污水资源化是
指污水经过生物、生态或生物生态组合工艺处理后，去除水中的污染物，出水基
本满足灌溉水要求，资源化技术包括人工湿地技术、土壤渗滤技术、一体化设备
处理技术、氧化塘技术及黑灰水分类处理技术。

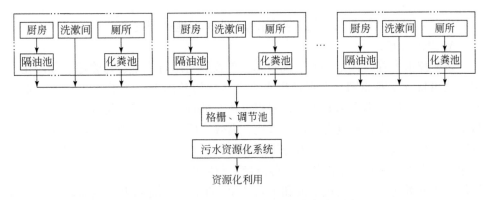

图 6.7　农村生活污水混合收集技术流程图

分质收集处理（图6.8）是根据污水的来源与水质不同将生活污水分为黑水与灰水进行分质收集处理，其中黑水收集冲厕水，包含粪便、尿液及卫生纸等污染物质，通常含有大量有机污染物、病原体及持久性微污染物，因而处理难度较高；灰水收集厨房水、洗浴水及洗衣废水，污染物（特别是病原体）含量较低，约占居民生活所产污水总量的70%，处理难度相对较低，具有良好的再生利用潜力，分质收集可以采用源分离收集技术。对收集的灰水进行简单处理即可达到灌溉标准，后用于种植业生产灌溉；对收集的黑水，经化粪池或沼气池进行无害化处理后，沼渣或肥料回用农田。

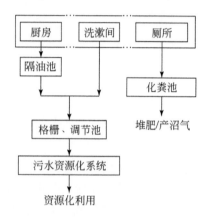

图6.8 农村生活污水分质收集资源化利用技术流程图

3. 技术案例

（1）农村生活污水厌氧滤井+跌水曝气人工湿地处理技术。
A. 基本原理。
该项技术本着"因地制宜、高技术、低投资与运行成本、易管理、资源化利用"的可持续发展原则，在保证出水稳定达标的基础上，秉承"生物单元重点处理有机污染物、生态单元资源化利用氮磷"的理念，集成传统及单元创新技术与工艺系统，形成多种具有节能、节地、高效、低维护、景观化、园林化特征的可选工艺组合流程，构建了针对分散型农村生活污水处理的生物生态组合成套技术体系。生物单元充分发挥简易高效降解有机物的特点；同时以跌水曝气方式替代传统鼓风曝气方式，实现节能和工艺简化；生态单元通过开发具有较高氮磷吸收能力和适于在人工湿地内种植的经济型作物，实现氮磷资源化，构建污染净化型农业；较好地解决了农村地区社会、经济、环境等基本情况复杂，不同农村的污水处理技术需求差异较大的问题。

B. 工艺流程。

组合工艺技术融合了生物处理和生态处理技术，各单元分工明确，工艺流程为"农村污水—格栅—厌氧—缺氧—好氧—经济型人工湿地"。具体流程如下：

a. 厌氧单元有效降低有机负荷，减轻跌水曝气工序的负担。

b. 在缺氧调节池中，来自厌氧段的消化液与好氧段的回流液进行混合，充分利用消化液中的有机物，进行反硝化反应，同时脱除缺氧出水中的臭味。

c. 好氧单元以氮磷的无机化和有机物的进一步去除为主要功能，以自然充氧为主，实现能耗的有效降低，同时力求保证湿地出水稳定达标。好氧出水一部分进入人工湿地，一部分回流至缺氧单元进行反硝化反应。

d. 人工湿地主要以水中氮磷营养盐的去除和利用为目标，力求在实现出水达标排放的同时获得一定的经济收益。

C. 技术创新点及主要技术经济指标。

工艺各单元含有多项关键技术，包括：大深径比高效厌氧反应器构型及低成本砖砌沉井施工技术、小型分散式生活污水厌氧缺氧联合脱臭技术、高效跌水充氧反应器技术、水生蔬菜氮磷资源化利用技术、浸润度可控型人工湿地技术（初步开发）。

厌氧单元的大深径比高效厌氧反应器可节约占地，砖砌沉井法简化施工方法，降低基建投资。厌氧单元停留时间为 2.5～3 天。

缺氧单元开创性地利用厌氧消化液中的有机物与好氧回流液混合进行反硝化反应，既节省碳源又节省后期充氧量，同时实现缺氧出水中臭味的去除。缺氧单元停留时间为 6～8h。

好氧单元开发了多种高效率、低能耗的自然充氧方式，开发了垂直交错水帘式、水车生物转盘等多种不同构型的"高效跌水充氧反应器"和"脉冲生物滤池"。垂直交错水帘式跌水反应器多级垂直交错分布，利用挡板使污水往复跌落，由于占地集中，外围可建房屋实现保温，保证冬季污染物降解效率，适合寒冷地区使用。水车生物转盘利用水流跌落的剩余动能带动水车转动，实现污水跌落充氧、溅水分散充氧和水车搅拌富氧的三重充氧作用，充氧效果较好，且因其生物附着量较大，能承受较大的污染物负荷，适用于具有景观要求或水质变化较大的农村。脉冲生物滤池无须曝气，自然通风供氧，水力负荷高，占地面积小，耐冲击负荷，适用于相对集中水量较大的农村生活污水处理。好氧出水一部分进入人工湿地，一部分回流至缺氧单元发生反硝化反应。建议停留时间为 1～3h。

人工湿地力求构建"污染净化型农业"，使人工湿地的运行贴近农民生活，产生经济效益，提高农民积极性。开发的人工湿地类型包括：水生蔬菜型人工湿地和浸润度可控型人工湿地。水生蔬菜型人工湿地内可培植番茄、生菜等根系发达、生长速率快的常见无土栽培蔬菜，适用于南方水乡农村；浸润度可控型人工湿地由于水位可控，可进一步扩大可种植植物的种类；此外在北方寒冷地区应用时，可通过控制水位使湿地冬季水位低于冰冻线，从而防止潜流人工湿地结冰，保证人工湿地冬季的正常运行。

工艺 COD 去除率大于 85%，BOD_5 去除率大于 90%，SS 去除率大于 90%，NH_4^+-N 去除率大于 95%，TN 去除率大于 80%，TP 去除率大于 85%；建设成本小于 10 000 元/t；直接水处理成本小于 0.15 元/t；整个工艺系统全程仅需一个水泵自控运行，较传统生活污水处理工艺（以 A^2/O 工艺为例）节能 60% 以上，不需要混合液回流与污泥回流，不需要机械曝气；如利用地形条件，则不需要任何直接运行费用；较传统活性污泥法，污水处理装置可节地 20% 以上。人工湿地产生的具体效益主要由种植的植物决定：水生蔬菜型人工湿地每年以空心菜和水芹菜轮种为例，每年空心菜产量约 8000 斤①/亩，水芹菜 1000 斤/亩，可产生经济收益不低于 10 000 元/亩。

D. 实际应用案例。

应用单位：宜兴市周铁镇人民政府。

在周铁镇沙塘港村建成小型分散式生活污水处理装置一套，采用"大深径比厌氧反应器—阶梯式跌水充氧反应器—水生蔬菜型+潜流人工湿地"工艺。污水来源于沙塘村港口大桥以南，共计约 80 户，人口约 250 人，设计污水流量30t/d。污水处理设施投资每吨水在 8000 元左右。出水优于《城镇污水处理厂污染物排放标准》(GB 18918—2002) 的一级 B 标准，每年至少 8 个月达到一级 A 标准。工程动力消耗仅为一个小型水泵。设施较传统生活污水处理工艺（以 A^2/O 工艺为例）节能 10% 以上，节地 20% 以上。水生蔬菜型人工湿地每年以空心菜和水芹菜轮种，每年空心菜产量约 4000 斤/亩，水芹菜 1000 斤/亩，产生了可观的经济效益。

技术来源单位：东南大学、中国农业科学院农业环境与可持续发展研究所。

(2) 强化型人工快速渗滤与人工湿地耦合技术。

A. 基本原理。

水源区多为我国典型的欠发达地区，且大多属于山地和丘陵地区，城市普遍采用的传统生活污水处理技术因其投资和运行费用高、技术要求难度大，在水源区乡镇应用中因难以稳定运行出现了很多"晒太阳工程"。为此在传统人工快渗系统的基础上，按照"工程设备化、设备模块化、模块自动化"的原则，研发了适用于欠发达山区且利用自然坡降的"一高三低"乡镇污水处理技术。

---

① 1 斤 = 500g。

B. 工艺流程。

乡镇生活污水经格栅除渣后进入调节池调节水质、水量，利用地势采用自重流方式将污水送至微氧水解池，对污水进行微氧曝气和水解，降低大颗粒性污染物浓度，减小后续快渗池堵塞概率；再经斜板沉淀后依次经过一级快渗池和二级快渗池进行污染物降解去除；两级快渗池中间设置缓释碳源池，补充污水中的碳源，强化系统的脱氮能力，单独设置缓释碳源池方便添加或更换碳源；出水进入复合流生态景观湿地进一步处理，确保出水水质稳定（图 6.9）。

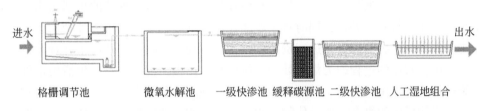

图 6.9 强化型人工快速渗滤与人工湿地耦合技术工艺流程图

采用铁屑粉煤灰组合除磷，铁屑与粉煤灰质量比为 2:1、反应时间为 20min、pH 为 6~7；快渗填料中添加沸石和火山岩，饱水层添加外加碳源；非饱水层高度为 70cm，饱水层高度为 60cm，系统水力负荷为 $1.5m^3/(m^2 \cdot d)$、水力负荷周期为 6h、湿干比为 1:5。

C. 技术创新点及主要技术经济指标。

通过增加微氧水解池、人工快渗池单元分级组合、采用复合流布水方式、设立独立缓释碳源池、添加特殊除磷介质、表面增加植被覆盖等一系列的强化技术措施，使传统的人工快渗系统实现了技术升级，具有耐冲击负荷大、溶解氧分区精确控制、系统不易堵塞、各单元自动化操作、维护保养方便等优点，并强化了脱氮除磷和景观效果的统一。

实际应用证明，COD、氨氮、总氮、总磷的去除率分别为 90.3%、90.82%、79.48%、93.16%，比传统工艺氨氮去除率提高 30.99%，出水各项指标能满足《城镇污水处理厂污染物排放标准》（GB 18918—2002）一级 A 标准。该关键技术特别适合在欠发达尤其是山区乡镇推广应用。

D. 实际应用案例。

应用单位：湖北省十堰市茅箭区南水北调工程领导小组办公室。

利用开发的"一高三低"乡镇污水处理技术在十堰市茅箭区大川镇建设了 $1500m^3/d$ 的污水处理厂，示范工程第三方评估结果表明，处理后出水水质为 COD 21.63mg/L、氨氮 2.42mg/L、总氮 8.95mg/L、总磷 0.31mg/L，达到《城镇污水处理厂污染物排放标准》（GB 18918—2002）一级 A 标准。污水处理直接费用 0.16 元/t，投资 1274 元/（t·d），动力消耗 0.19kW·h/t。

技术来源单位：中国地质大学（北京）、北京国环清华环境工程设计研究院有限公司。

（3）农村生活污水土壤多介质复合处理技术。

A. 基本原理。

农村生活污水营养供体利用型处理技术为土壤处理系统技术之一，主要由土壤净化床或人工湿地组成，其工作创新点主要在于将农村生活污水处理和农作生产相衔接，在污水处理系统上直接进行农业生产，将厌氧处理后的生活污水通过土壤净化床进行有效处理，同时将土壤净化床处理过程中的废水或处理后的出水作为农作物的水肥营养供体进行资源化利用，作物生产收益补偿污水处理系统的运行费用，农作的过程即为污水处理系统的维护过程，解决了农村生活污水处理系统运行管理费用的问题。其原理为以土壤的饱和区和不饱和区含水层作为物理化学与生物反应的媒介，通过作物吸收、土壤过滤、微生物降解等作用，降低污水中 COD、N、P 和 SS 等有机与无机物的浓度，处理后出水还可作为鱼塘补水或农田灌溉水。将土壤净化床系统提升为可调水位的土壤净化床系统，大大拓展了农村生活污水营养供体利用型处理技术的应用区域和农作物选择的范围。

B. 工艺流程。

工艺流程为"厌氧池—土壤净化床（或人工湿地）—出水"。

a. 对单户或几户建一座化粪池或厌氧池对冲厕黑水和灰水先分散厌氧预处理，将全村分散厌氧预处理的出水统一收集，再进行后续集中处理，或者将村区域的生活污水统一管网收集后集中厌氧处理。该模式在土地利用和工程建设等实践操作中较集中收集、集中厌氧处理生活污水更具有灵活性与经济性。

b. 将厌氧预处理的出水通过由配水系统、厌氧层、好氧层和集水系统组成的土壤净化床进行处理，厌氧处理后污水中的污染物通过微生物分解、填料吸附，以及作为营养供体被作物吸收，处理后的污水最后达标排放。或者将厌氧预处理的出水通过由腺柳湿地-水芹菜湿地-茭白湿地组成的多级湿地，厌氧处理后污水作为水芹菜和茭白的营养供体资源化利用，最后达标排放或作为鱼塘补水或农田灌溉水利用。

C. 技术创新点及主要技术经济指标。

a. 技术创新点。

将农村生活污水处理和农作生产相衔接，在污水处理系统上直接进行农业生产，将厌氧处理后的生活污水通过土壤净化床进行有效处理，同时将土壤净化床处理过程中的废水或处理后的出水作为农作物的水肥营养供体进行资源化利用，作物生产收益补偿污水处理系统的运行费用，农作的过程即为污水处理系统的维护过程，解决了农村生活污水处理系统运行管理费用的问题。

b. 主要技术经济指标。

土壤净化床优点及技术参数：

a) 易建设，便维护，运行费用低，作物种植过程即系统维护过程；

b) 去除 N、P 效果好；

c) 节省空间，土壤净化床可直接进行农业生产；

d) 整个装置设在地下，受温差影响小，除臭效果好；

e) 厌氧系统容积负荷 0.25kg（COD）/（m³·d），HRT 为 5 天；

f) 土壤净化床水力负荷为 0.125m³/（m²·d）；

g) 出水可达 GB 18918—2002 一级 B 标准。

多级湿地优点及技术参数：

a) 腺柳根系发达，适于水体生长，也能在旱地生长，去除 N、P 效果好，且具景观效果；

b) 处理后的出水可以作为水芹菜和茭白的营养供体；

c) 易建设，便维护，运行费用低；

d) 厌氧系统容积负荷 0.25kg（COD）/（m³·d），HRT 为 5 天；

e) 湿地水力负荷为 0.10m³/（m²·d），HRT 为 4 天。

f) 出水可达 GB 18918—2002 一级 B 标准。

D. 实际应用案例。

应用单位：肥东县牌坊乡政府。

在牌坊乡分别推广应用了集中厌氧—土壤净化床技术（千柳公园西）和集中厌氧—腺柳—多级湿地技术（牌坊中学东）的生活污水处理工程，设计处理规模均为 100m³/d，涉及人口 3000 多人；第三方监测结果表明，该技术出水水质达 GB 18918—2002 一级 B 标准，应用前景良好。项目启动前，相关技术基本成熟。经该项目的实施，设计的预期目标得以验证。目前，该技术正在升级为可调水位的土壤净化床系统，拓展其应用区域和农作物范围。

技术依托单位：农业农村部环境保护科研监测所、中国农业科学院农业环境与可持续发展研究所。

下　篇
农业农村清洁流域模式

针对流域农业农村"种-养-生"脱节、氮磷排放无序分散等特点，治理难等问题，提出了流域农业污染源头控制收集、过程生物转化、末端多级利用和区域结构调整的联控策略，集成养殖"收转用"、种植"节减用"、生活"收处用"的技术体系。在流域内建立农业农村废弃物资源化利用中心，通过废弃物的加工和资源化产品链接应用，实现流域农业农村"种-养-生"污染控制的一体化、效益化和长效化。

"种-养-生"污染一体化防控成套技术以清洁小流域建设为核心，构建以专业合作社为运行管理主体的小流域农业农村污染防控实施体系，明确了清洁小流域构建的责任主体；基于构建的"种-养-生"一体化技术案例，有效衔接各类污染源治理环节，实现小流域内不同污染源的协同治理和资源的生态循环利用。其中"种-养-生"之间通过污染物废弃物的养分资源化，再通过资源化产品的循环利用，形成"种-养-生"产业衔接链（图1）。具体成效如下。

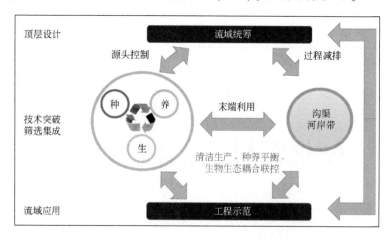

图1　流域"种-养-生"污染一体化防控技术体系示意图

（1）构建了以专业合作社为主体的小流域农业农村污染防控实施体系。

针对分散农户，构建了以专业合作社为流域治理责任主体的实施体系。合作社通过集体流转方式把分散在农户手中的稻田进行集中，由专业合作社进行集中经营管理，提高土地集约化程度的同时推动农业农村污染治理技术实施，从小流域（村域）尺度进行农业农村污染的综合治理和生态循环。

（2）针对农业农村污染，形成了种植业"节减用"、养殖业"收转用"、生活污水"收处用"的技术体系。

利用源头控制收集、过程生物转化、末端多级利用和区域结构调整的联控策略，支撑"种-养-生"污染防控一体化体系的种植业污染控制技术以"4R"技术为核心代表，养殖业污染控制技术以基于微生物发酵床的养殖废弃物全循环利用技术为核心代表，农村生活污染控制技术以生物生态组合控制技术为核心代表，实现区域流域内"种-养-生"污染物协同去除及资源循环利用。

第7章 种植业污染负荷削减的"节减用"模式

7.1 "节减用"模式应用代表成套技术

支撑种植业面源污染"节减用"全程防控成套技术的代表如下所述。

7.1.1 基于"4R"的农田氮磷流失全程防控技术

以减少农田氮磷投入为核心、拦截农田径流排放为抓手、实现氮磷养分回用为途径、水质改善和生态修复为目标,集成高产环保的农田养分精投减投、流失氮磷的多重生态拦截、环境源氮磷养分的农田安全再利用及富营养化水体的生态修复四大关键技术,形成了基于"4R"(源头减量—过程阻断—养分循环利用—生态修复)的农田氮磷流失全程防控技术(图7.1)。

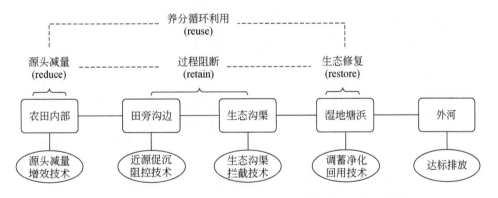

图 7.1 基于"4R"的农田氮磷流失全程防控技术工艺流程图

该技术已经在太湖流域、巢湖流域、滇池流域、洱海流域、三峡库区等全国各大流域或汇水区的农田面源污染严重区域进行了推广应用。累计应用面积5322万亩,减少化肥中氮磷施用量7.63万t,减排氮磷4.46万t,减少化肥投入3.3亿元,大大推动了农业农村清洁流域建设。

7.1.2 设施菜地氮磷污染削减回收与阻断综合控制技术

该技术以平原水网区的旱地系统为技术实施对象，按照"4R"技术的理念开展实施。

在总量削减上，根据蔬菜生长季节针对性地进行氮磷流失防控，春夏茬主要采用科学减施技术、有机肥部分替代化肥技术、水肥一体化技术、硝化抑制剂增效减排技术，休闲揭棚期采用填闲作物氮磷原位阻控技术，秋冬茬主要采用机械起垄侧条施肥技术、蔬菜专用肥应用技术、豆科蔬菜轮作优化技术等实现源头氮磷投入负荷的降低，减少径流中氮磷的排放量。

在盈余回收上，通过基于时间和空间结构优化配置的氮磷养分循环利用技术实现氮磷径流的回收，达到近零排放的效果。

在流失阻断上，主要通过生态沟渠拦截、基于分段式净化的生态沟渠流失阻控技术等，实现径流氮磷负荷的进一步削减。

通过多种技术、多级阻控的集成示范，建立了源头减量—原位阻控—循环再利用—多级防控的菜地氮磷污染综合控制技术（图7.2），实现菜地的清洁化生产，获得了一定的社会和生态效益。

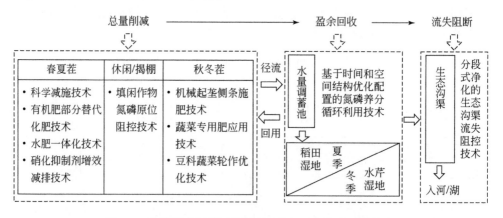

图 7.2　设施菜地氮磷污染削减回收与阻断综合控制技术

该技术在宜兴蔬菜基地开展示范工程建设，工程规模占地 504 亩，核心区 116 亩，辐射区 388 亩。工程实施后，排水中的 TN、NH_4^+-N 和 TP 均明显低于非工程区菜地排水，其中 TN 降幅在 33%~64%，平均降幅为 48%；NH_4^+-N 降幅在 31%~62%，平均降幅为 44%；TP 降幅在 31%~43%，平均降幅为 37%。

7.1.3　基于控流失产品应用的农田氮磷流失控制技术

该技术以生物腐殖酸（控流失产品）应用为主体，融合了有机肥、秸秆还田、缓释肥、控释肥的组合技术体系，通过提高土壤养分容量和作物肥料利用率，减少农田化肥投入和氮磷流失，这也是"4R"技术理念的延伸。

工艺流程包括三个单元：针对水旱轮作作物体系，使用控流失产品，提高土壤养分库容和肥料利用率，实现化肥减量和氮磷流失的减少（图7.3）。

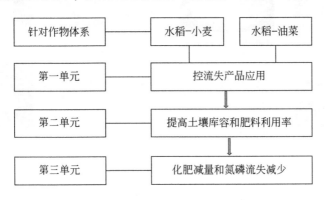

图7.3　工艺流程图

技术经济指标：秸秆全部粉碎旋耕还田，每亩施用生物腐殖酸20kg、有机肥200kg、缓/控释肥10kg，常规化肥减量30%，基肥、穗肥为7∶3。技术应用效果：农田作物增产10%以上，氮磷流失减少20%以上，每亩纯收入增加30元以上。

该技术在安徽肥东、巢湖等地推广应用8万余亩，辐射面积达到300余万亩，减施化肥氮磷20%~30%，减少农田氮磷流失25%~35%。总计污染负荷削减氮870t，削减磷120t，增产10%~15%，每亩增收20~80元。

7.1.4　水稻专用缓/控释掺混肥深施与插秧一体的稻田氮磷减量减排技术

基于"4R"技术理念，针对水稻高产养分需求和土壤养分供应，通过对不同释放速率的缓/控释氮肥进行合理配比来优化控制氮素的释放速度和释放量，同时综合考虑磷肥施用的"水轻旱重"原则，适当降低缓/控释掺混肥中磷的比例，研制水稻专用低磷缓/控释掺混肥，使其一次性施肥就能满足水稻全生育期所有养分的需求,实现供-需匹配平衡,达到氮磷的同步减量增效。在此基础上,集成应用水稻插秧施肥一体化机械,实现专用缓混肥的精确定位深施,不仅提高了作业效率,又进一步提高了肥料利用率,减少了径流和氨挥发损失风险,省工节本,高产高效低污染(图7.4)。

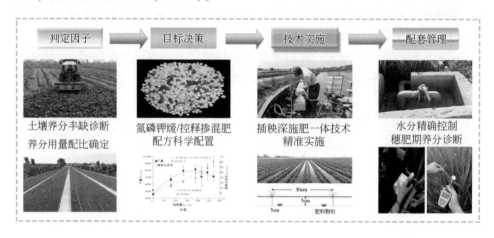

图7.4 工艺流程图

根据土壤基础地力和氮磷养分含量丰缺状况、水稻品种与产量目标合理确定适宜的氮磷钾用量及配比,在此基础上结合水稻高产养分需求曲线,科学配置氮磷钾缓/控释掺混肥配方;利用水稻插秧施肥一体化机械进行缓混肥的精准定位深施,施肥位置为根侧2~3cm,施肥深度5cm。优化水分管理,缓苗期湿润灌溉,分蘖前期间歇灌溉,分蘖中后期及早晒田,孕穗抽穗期灌寸水,壮籽期干湿灌溉。水稻穗肥施用关键期(倒三叶期)进行水稻长势诊断,判断是否需要补施穗肥。

该技术于2018~2020年在常州市武进区进行了示范,3年累计示范3000余亩。示范区紧邻太湖太锅运河,稻田施肥量居高不下,氮磷流失严重,对水质影响较大。通过水稻缓/控释肥插秧施肥一体化技术的应用,在N、P_2O_5、K_2O投入分别减少26.3%、42.2%和31.1%的背景下不会造成水稻减产,能够保证水稻高产甚至略有增产,径流氮磷损失降低30%以上,亩均经济效益增加35.4元。

7.1.5 轮作农田(地)、柑橘园面源污染防控技术

该技术以"源头减量、径流调控与氮磷流失阻控"为核心,进行三峡库区水稻-榨菜轮作水田、玉米-榨菜轮作旱坡地、优质柑橘园和库区上游流域水稻-油菜

轮作水田、玉米–油菜轮作旱坡地面源污染防控技术的研发与集成（图7.5）。

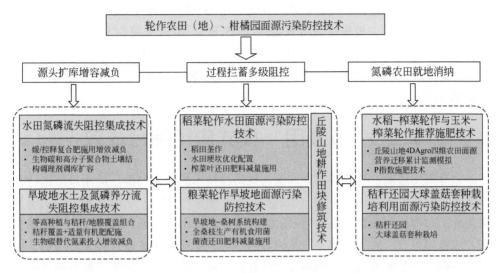

图 7.5　轮作农田（地）、柑橘园面源污染防控技术工艺图

针对三峡库区粮菜轮作旱坡地，将旱坡地–桑树系统构建技术、全桑枝生产有机食用菌技术、菌渣还田肥料减量施用技术集成，形成三峡库区粮菜轮作旱坡地面源污染防控技术；针对三峡库区稻菜轮作水田，将榨菜叶还田肥料减量施用技术、稻田垄作技术、水田埂坎优化配置技术集成，形成三峡库区稻菜轮作水田面源污染防控技术；针对三峡库区优质柑橘园，将秸秆还园技术、大球盖菇套种栽培技术集成，形成三峡库区优质柑橘园秸秆还园大球盖菇套种栽培利用面源污染防控技术；引进丘陵山地 4DAgro 四维农田面源营养迁移累计监测模拟技术，运用卫星测绘的地理地貌信息，考虑空间三维和时间因素，根据人口、气候、土壤、作物、地貌和农田灌溉等因子间的相互作用，准确定位养分随水分、降雨和时间在土壤中的运移，为农田（地）肥料的精准施用提供技术支撑；引进 P 指数施肥技术，以作物磷需求为基准制定氮素施肥量，通过参数率定，形成三峡库区农田面源污染控制的 P 指数施肥技术；针对库区上游流域玉米–油菜轮作旱坡地将等高种植、秸秆和地膜覆盖组合技术、秸秆覆盖+适量有机肥配施技术、生物碳替代氮素投入增效减负技术集成，形成库区上游旱坡地水土及氮磷养分流失阻控技术；针对库区上游流域水稻–油菜轮作水田，将新型缓/控释复合肥施用增效减负技术、生物碳和高分子聚合物土壤结构调理剂调库扩容技术集成。

该技术通过库周丘陵农业区多个示范工程实施落地，累计推广面积 32.9 万亩。经统计，4 年间累计减少化学氮肥（纯氮）使用 927.96t、化学磷肥（五氧化二磷）使用417.6t，节约肥料投入842.62万元；经济效益为842.62万元，同时水稻和油菜保持稳产或略有增产，化肥利用率平均提高了4.2个百分点，消纳作物秸秆11.6万t，坡耕地氮流失减少1525.52t、磷流失减少136.56t，坡地径流氮流失减少71.4t，径流磷流失减少6.56t，径流氮流失削减33.1%，径流磷流失削减31.3%；消纳猪粪和基肥为原料的商品有机肥6000t，生猪养殖粪污处理率达到91%。

7.2 "节减用"模式应用综合成效

水专项实施前，我国种植业面源污染防控技术的研发与推广应用虽然也已开展多年，但技术普遍比较单一、系统性不强、集成度不高，未能有效阻控农田氮磷流失，对种植业面源污染的防控效果有限。针对南方水网区水系发达、区域农田氮磷施用量大、流失氮磷养分至河道路径短、易造成水体富营养化等问题，选取在不同作物系统及氮磷调控路径上具有较好效果的技术，按照"源头减量—过程拦截—养分再利用—末端修复"的技术思路，以减少农田氮磷投入为核心、拦截农田径流排放为抓手、实现氮磷养分回用为途径、水质改善和生态修复为目标，弥补水专项实施前的技术短板，集成提炼出5项种植业面源污染防控技术。这些推优技术从源头削减技术、过程拦截系统构建及基于技术集成的全程全时段污染物削减3个方向进行创新，突破种植业面源污染防控的技术瓶颈，构建了种植业污染防控的技术体系与案例，实现了COD、TN和TP排放量40%、30%和30%以上的有效削减，农田退水在大部分时间达到地表水Ⅳ类水质，显著改善了区域农业生态环境。具体成效如下所述。

（1）细化氮磷污染源头削减办法，确保减排不减产。

基于作物的种植特征，结合产量需求、肥料养分释放特点和种植区域土壤地力的高低，确定适宜氮磷投入量。通过肥料种类调整和农用机械使用，切实提升肥料中氮磷养分的利用效率，实现种植系统内氮磷减投减排的同时，保障耕地的粮食生产能力。

（2）构建了不额外占地或少占地的污染物拦截系统，减少农田退水氮磷总量的排放。

农田排水系统属于农田前期基本建设的一部分，且原有排水系统多仅有排水沟渠，缺少较为完善的污染物过程拦截系统。因此，从农田排水污染物的发生区域、迁移路径、排水去向入手，根据不同地形和作物系统的氮磷净化需求，因地制宜构建具有促沉净化装置、生态沟渠、植物篱、生态塘、湿地等多个构件的污染物过程拦截系统。通过优化植物配置，提升系统的氮磷净化能力和耐冲击负荷能力，实现空间有限条件下的农田排水氮磷污染的高效处理。

（3）进行技术集成与应用，实现氮磷污染的全程全时段削减，提升区域排水水质。

对于具有多种不同作物的复杂种植区，根据作物的养分需求和农田排水特征，利用关键技术削减各系统内的氮磷排出量，同时以系统间的节点为技术落脚，无缝链接系统间的氮磷物质流，实现空间尺度上区域氮磷的多级利用和消纳。此外，根据不同季节作物生长和气候情况，调整应用技术参数，为实现全年多数时段区域排水的水质提标、达标提供保障。

7.3 "节减用"模式农业农村清洁流域应用实践

7.3.1 松花江蚂蚁河农业农村清洁流域

松干流域是我国重要的商品粮基地，为我国粮食安全做出了巨大贡献。但以农田为主体的农业农村污染问题一直是流域水质改善和粮食持续增产的重大制约因素。针对松干流域农田面源污染负荷不明、退水入河过程不清、源头减负与过程控制技术薄弱、流域退水循环利用技术缺失、水质目标管理方案缺失等问题，本研究本着"农田源头减负、沟渠系统高效控制、缓冲带生态修复、安全入河排放"全过程控制相结合的技术思路，通过关键技术研发、核心技术集成、污染控制模式探索等，形成了以流域水质目标管理方案为导向的寒冷冻融区农田氮磷面源污染全过程控制技术思路与流域控制模式，为松干流域等北方寒冷灌区农田面源污染防治和流域水质改善提供了可借鉴的技术思路与运行模式。

其成果与效益主要体现在以下几个方面。

（1）形成了寒冷冻融区农田面源污染水质目标管理方案与综合决策支持系统，为蚂蚁河流域面源污染控制提供了决策支撑。

针对蚂蚁河流域不同面源污染类型，以 SWAT 模型为基础，建立了蚂蚁河流域面源污染负荷模拟模型。在此基础上，通过定位监测，综合考虑 120km² 示范区面源污染负荷、水环境功能区、汇水区、行政边界等要素，将示范区划分为十大控制单元，并进一步通过建立区域与河流的产排关系，将乡镇污染排放与断面水质一一对应，评估了流域氮磷流失污染与乡镇级行政单元之间的压力响应关系，为实现断面污染精准目标控制提供基础。

针对蚂蚁河流域河网区水文水质的复杂性，建立了以流域综合数据库、分布式数据网络发布和共享平台为基础的农田面源水质目标管理决策支持系统。该系统依托地理信息系统软件平台，集成了研究区基础地理数据、控制单元数据，实现面源污染过程模拟、负荷核算、水质目标响应关系评估、削减方案集成、数据处理、数据检索统计等功能为一体，形成了整套的农田面源水质目标管理体系，为该流域面源污染管理提供了直观、科学、便捷的技术支撑。

通过建立污染物排放与环境质量之间的联系，确定了不同管理单元区别化的水质管理目标，并提出了针对性的减排技术，构建了一套具有科学性和可操作性的水环境管理技术体系。该农田面源水质目标管理决策支持系统与方正县农业管理部门操作系统相结合，为蚂蚁河流域水环境的治理发挥了积极的作用。

（2）建立了寒冷区稻田肥水精准控制技术模式，实现了一次性施肥，推动了稻田传统技术的变革。

寒冷区稻田肥水精准控制技术模式从肥、水、种植方式三个关键点入手，进行综合施策，实现氮磷减排。该模式包括水田精准施肥技术、肥水联控减负技术、水稻施肥插秧一体化技术3项关键技术。水田精准施肥技术以"肥"为切入点，以精准施肥、以碳控氮及微生物氮磷活化为技术核心，通过精准定量和精准时期施肥、提高土壤碳汇、提高氮磷利用率等进行源头控制。肥水联控减负技术以"水"为切入点，将氮磷流失两大主控因子"肥"和"水"充分联动，通过水肥耦合技术实现水肥精量控制，通过智能化、信息化技术实现水肥精确管理，获得最佳的水肥管理方案，节约灌溉用水，减少排水，实现氮磷源头减排。水稻施肥插秧一体化技术是水稻种植方式的创新，用专用机械在插秧的同时将缓/控释肥料一次性集中施于秧苗一侧 3~5cm 处，深度 5cm，从而形成一个储肥库，逐渐释放养分供给水稻生育的需求，无须追肥，提高了肥料利用率，实现了农机农艺相结合，有效地防控了氮磷流失。

该模式针对基肥施入+泡田排水是水田氮磷流失的主要风险期（占整个生育期的 60% 左右），通过稻田常规种植面源污染负荷与流失量的测算，以氮、磷、水等养分水分精量使用为核心，机械与农艺相结合，摈弃多肥大水的传统种植习惯，解决了传统种植技术排水多、氮磷流失量大、追肥环节烦琐、水肥耦合能力差等问题，实现了氮磷流失的有效控制。示范区氮磷肥投入量减少 15% 以上，氨氮和总磷流失量减少 76% 和 36%，单产增加 5% 以上，亩收益增加 200 元以上。

该技术模式解决了松花江流域因稻田肥料施用量不断增加、利用率不高、水肥耦合能力差等而造成农田面源污染日益严重的问题，体现了松花江流域乃至东北稻区水肥一体化技术和稻田施肥技术的变革，展现出较好的技术突破与创新。

（3）建立了"种植与肥料结构调控—植物篱埂—径流再利用"——"调、控、用"一体化的坡耕地小流域面源污染治理实现模式。

该模式包括种植结构与肥料结构调控、植物篱埂垄作区田、坡耕地径流导流及再利用 3 项关键技术。种植结构与肥料结构调控技术的核心体现在"调"字上，通过源头减量、作物的水土效应差异和施肥结构优化实现氮磷的高效利用及流失控制；植物篱埂垄作区田技术的核心体现在"控"字上，通过微地形与生境改造，实现水土原位控制，有效减少氮磷流失污染；坡耕地径流导流及再利用技术的核心体现在"用"字上，通过收集径流与二次利用实现了农田面源污染控制。

坡耕地水土及氮磷流失控制集成技术模式解决了种植模式单一、过量施肥、种植与施肥结构不合理、坡耕地径流向下游输送等问题。植物篱埂垄作区田技术在坡耕地微地形与微生境改造方面有一定创新，显著提升坡耕地水土流失控制效果；坡耕地径流导流及再利用技术，径流汇流及再利用率达到 90%，旱改水的稻田种植效益提高了 2~3 倍。坡耕地水土及氮磷流失控制集成技术模式在推广中采取了"两减一平"（氮肥用量两年减、一年平）模式，使示范区的水土流失量减少 60% 以上，施肥量减少 15%~20%，且实现玉米的稳产。

(4) 提出了稻田生态沟渠氮磷联控与多级次排灌技术模式，解决了寒冷区稻田现有沟渠氮磷阻控能力不强、排水体系薄弱等问题。

基于稻田生态沟渠网络的氮磷联控与多级次排灌技术模式包括稻田退水阻控与净化沟渠构建、稻田排灌体系改造与退水循环利用两项关键技术。稻田退水阻控与净化沟渠构建技术包括生态沟渠构建和基于负荷（水力负荷和氮磷负荷）节点分配的氮磷控制方法。在生态沟渠构建方面，基于明渠流体力学计算，创新性地提出了双梯形断面结构，有效增加了水力粗糙度，提高了流动曼宁系数和雷诺数，实现了沟渠流态分层控制，为氮磷吸附和氮的硝化及反硝化过程创造更加适宜的微生物条件；提出以吸附性优良的矿物废弃物为沟渠基质（沟底和坡面），以乡土净水植物芦苇和香蒲等形成立体植物墙阻控系统，获得了理想的氮磷阻控效果。基于负荷节点分配的氮磷控制方法按照不同级别沟渠的削减能力，利用闸门调控退水的流量和停留时间，达到在渠系整体上阻控氮磷的目的。

在农田尺度，在精准计算水利用率的基础上，准确核算单位田块需水量，在二级支沟与田块汇交处构建收水系统，以最小工程量构建形式灵活、结构简单的排渠-田块镶嵌式回灌井，实现退水就地回灌，可将水利用效率从 0.50 提高至 0.65，技术经济可行性高，技术普及和推广性较强。在小流域尺度，提出了"一点、两线、三层次"的稻田新型排灌模式，分别从点、线、面三个控制单元考量稻田灌溉与排水控制，通过不同单元组合与设计，有针对性地提升不同稻田灌区退水利用效率。

(5) 形成了蚂蚁河流域河岸缓冲带拟自然湿地修复与退水安全入河控制技

术模式，筑构起最后一道防护屏障。

该模式由湿地拟自然修复和湿地退水入河安全控制两项关键技术组成。湿地拟自然修复技术是在湿地分布调查基础上，划分了杂类湿草甸、沼泽和草塘3种缓冲带湿地修复区域与修复目标，模拟自然湿地群落与自组织演替过程，筛选出荻、长秆薹草、芦苇、膨囊薹草、菖蒲和菰6种功能优势建群种，人为引导3种湿地类型向顶极群落恢复演替，在保证群落结构稳定性的同时，提高系统生产力与覆盖度，增加群落氮磷吸附功能植物的占比，强化净化功能在整个湿地系统生态功能中的地位，形成了以湿地类型精准区划为基础的拟自然群落修复技术体系。该技术应用后，生物量提高30%以上，生物多样性指数增加了0.12，退水经过湿地时氨氮和总磷负荷削减36.09%和44.28%。

湿地退水入河安全控制技术通过退水入湿闸门控制，有效保障退水有序安全排放入河。该技术通过核算湿地单位面积氮磷削减能力阈值（mg/m^2），确定湿地氮磷安全负荷区间，由此优化退水入湿闸门主动控制参数，通过退水导入和闸门流量控制等正向干扰措施，模拟健康湿地系统水文环境，解决了湿地缺水问题，同时利用已强化的湿地系统营养固定功能，实现湿地修复与氮磷截留双增益。该技术实现了湿地排水水质氨氮、总磷分别控制在1.5mg/L、0.3mg/L以下的流域水质管理目标。

河岸缓冲带拟自然湿地修复与退水安全入河控制技术模式解决了流域农田退水末端缓冲带湿地植被退化、氮磷截留功能羸弱和河岸带退水无序等问题。通过"沟渠-缓冲塘-湿地-水域"生态格局设计，构建以缓冲带湿地为核心的面源污染净化功能区，实现缓冲带湿地面源污染阻控功能的有效修复与稳定发挥；通过退水末端精确主动控制，有效避免污染超标和退水无序排放。

7.3.2 黄河宁夏灌区农业农村清洁流域

黄河上游灌区是我国重要的农业主产区和商品粮生产基地。多年来"大水漫灌"一直是农田生产基本灌溉方式，加上高产导向下的化肥过量使用和规模养殖废弃物的无序排放，使得灌区农田退水污染物已经成为制约黄河水质安全的主要因素。本研究紧紧围绕建立灌区农田退水污染控制科技支撑体系的总体需求，按照"源头合理减量、过程高效控制和末端循环利用"相结合的总体技术路线，通过多学科、多层次协同努力，形成了灌区农田退水污染综合控制技术体系和规模化示范样板，为黄河上游灌区农田退水污染控制和区域农田生产方式的转变提供了科技支撑。

技术成果主要体现在以下几个方面。

（1）形成了农田退水污染源头—过程—末端相结合的全过程控制技术体系，支撑了流域农田退水污染的有效控制。

农田退水污染源头控制技术体系包括水盐一体化调控技术、水质水量联合调控技术与灌区农田低污染种植结构优化技术。水盐一体化调控技术是通过在排水沟渠建造"溢流板"实现水盐综合调控，取得节水、控盐和减污的综合效益。水稻生育期内，可使稻田浅层侧渗排水量减少50%左右，节约灌溉水量约30%，退水污染总负荷削减40%。水质水量联合调控技术基于水质管理目标，以西大沟流域为例，形成基于污染量削减30%目标的水质水量联合调控方案，使总引水量减少23%，退水回灌利用量780万 m^3，水田施氮量降低20%，旱田施氮量降低26%。

灌区农田退水污染过程高效控制技术体系由农田减氮控磷技术、规模化养殖废弃物无害化处理与安全利用两大技术组成。前者包括水稻缓释肥侧条施肥技术、水稻控释肥育秧箱全量施肥技术、水稻冬小麦氮肥后移施用技术和设施蔬菜休闲期种植填闲作物减负技术4套农田减氮控磷关键技术。与农民常规施肥（施氮量在300kg/hm^2）比较，氮肥用量平均降幅约23%，磷肥用量平均降幅约28%，均高于20%。农田退水中TN、TP、COD的削减率均超过30%，同时，亩节本增效200元以上。规模化养殖废弃物无害化处理与安全利用技术包括规模化畜禽粪污低温发酵、增温保温、沼渣沼液农田安全利用3套关键技术。该技术解决了低温冷凉地区沼气低温发酵和保温增温的问题，年产沼气约26万 m^3，使万头养猪场的COD削减了35%以上，年产有机肥1.46万 t，经济效益700余万元。

农田退水污染末端生态修复与循环利用技术由湿地净化、生态沟渠拦截和末端循环利用技术共同组成。退化湿地恢复是通过基质、植物、微生物相结合而实现的，使农田退水中的TN、TP和COD削减率均达30%以上，运营成本为0.35元/t。退水污染沟渠生物–工程联合修复技术由植物群体构建技术和沟渠基质选择技术组成，退水中TN负荷的削减率为15%~25%。灌区农田退水回灌灌溉技术是基于节水、退水养分再利用和污染减排，实现退水沟渠中水的重复与合理利用，回灌稻田可节水25%~35%，氮素污染负荷降低45%以上。

（2）形成了黄河上游灌区农田退水污染负荷总量控制方案，为流域农田退水污染治理提供了实施依据。

基于灌区主要排水沟渠水质定位监测，结合面上调研和综合分析，并对点源污染负荷进行了剔除，估算出灌区农田退水 TN、TP、COD 等典型污染物负荷分别是29 356t、1889t和200 784t。进一步结合断面与主要支流的污染特点，并基于研发技术的支持，对农田退水典型污染物进行了分流设计研究，提出跨断面与主要支流、分时段的污染总量控制方案。以现状年为基础，宁蒙灌区典型代表性排水沟渠 TN 污染负荷为 2784t, TP 为 430t。利用综合集成的农田退水污染防控技术体系, 宁蒙灌区典型区域排水沟渠 TN 负荷可以消减 841t, TP 负荷可以消减 128t。其中, 源头减量技术体系可以消减 TN 444t, TP 73t; 过程阻断技术体系可以削减 TN 210t, TP 35t; 末端治理技术体系可以削减 TN 187t, TP 20t, 总量控制方案可望实现灌区农田退水污染负荷削减 30% 的目标。

(3) 构建起技术与管理相结合的灌区农田退水污染综合控制技术模式, 取得了良好的示范效果, 推进了灌区生产方式的转变。

围绕稻田这个灌区农田退水中的"重中之重"问题, 在攻克稻田水盐一体化控制、水稻侧条施肥、水稻氮肥后移、稻田缓/控释肥施用、冷凉地区养殖废弃物低温沼气处理、退化湿地人工修复等关键技术的基础上, 集成稻田减氮控磷与清洁生产、冷凉地区养殖废弃物持续处理与农田利用、农田退水湿地修复与回灌三大技术模式, 并结合政策鼓励、示范培训等, 在 $13km^2$ 面积上进行了综合示范, 实现了化肥减量 20%、节水 15% 和典型污染物削减 30%, 取得了良好的减肥、节水、控污、增效的效果。其中, 示范稻田面积 $5km^2$ 以上, 氮肥减量 $240kg/hm^2$, 氮肥利用率提高了 8.0%, 节水 25% ~ 35%, 退水污染负荷降低 45% ~ 55%, 氮素流失减少了 $14.8kg/hm^2$, 农田效益增加 1500 元/hm^2 以上。

冷凉地区养殖废弃物持续处理与农田利用技术模式示范中, 建造了一座年产 25 万 m^3 的沼气池, 应用于万头猪场废弃物处理, 至今一直稳定运行, 每天可消纳 $39m^3$ 的养殖废弃物, 年减排 COD 约 600t, TN 约 70t, TP 约 13t, COD 削减了 30% ~ 35%, 年产沼气 26 万 m^3, 获利 17 万元, 年产有机肥 1.5 万 t, 获利 700 余万元。

灌区退水污染湿地生态修复与回灌利用技术模式综合集成了退化湿地恢复与人工湿地构建、退水污染沟渠生物–工程联合修复和退水回灌等关键技术, 构建了适宜于北方寒旱区灌区的退水污染人工湿地综合修复系统, 在 150 亩湿地进行了综合示范, 实现年处理农田退水 200 万 t 的能力, 运营成本仅 0.35 元/t, 灌溉水利用率达 80% 以上, COD、TN、TP 分别削减 35%、35%、40%, 取得了较好的节水、控污、控盐的效果。该模式具有低成本、可持续、适地性强等特点, 已经形成了地方规范, 并已经纳入乌梁素海流域治理应用当中。

第8章 养殖业污染负荷削减的"收转用"模式

8.1 "收转用"模式应用代表成套技术

支撑养殖业面源污染"收转用"全程防控成套技术的代表如下。

8.1.1 基于微生物发酵床的养殖废弃物全循环利用技术

该成套技术基于"源头减量—生物发酵—全程控制—农牧一体—循环利用"原则,重点通过微生物原位发酵床或异位发酵床技术实现畜禽养殖源头和过程污染趋零排放,利用微生物发酵技术实现养殖粪污和农作物秸秆资源化循环利用(图 8.1)。

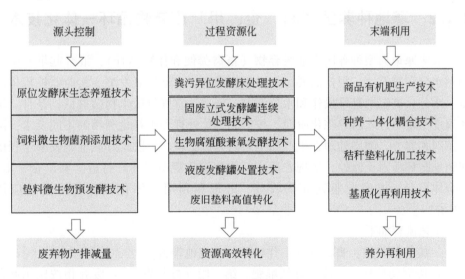

图 8.1 技术组成逻辑图

(1)源头控制方面,利用原位发酵床内的微生物将养殖粪尿进行原位分解,减少养殖源头废弃物的产生量；利用饲料微生物菌剂添加技术，实现源头饲料利用率的提高和氮磷投入量的降低。

（2）过程减排方面，将养殖场所有粪污全部收集，并转移至微生物异位发酵床，利用床体微生物对粪尿进行异位分解，实现污染趋零排放；利用固废和液体一体化发酵设备对养殖场粪污进行高效处理，并转化为有机肥。

（3）资源化利用方面，发酵的初级物料可以经过加工形成基质和有机肥等产品，也可以用于养殖蚯蚓或直接施用于农田；将农作物秸秆收集加工后，作为异位发酵床垫料，构建多途径资源化利用技术体系。

该技术应用实现了养殖污水趋零排放和废弃物无害化全循环利用，近年来累计削减养殖业对水体的污染负荷 COD、TN 和 TP 分别超过 90 万 t、10 万 t、1.5 万 t，创造经济效益 25 亿元以上，带动效益为 340 亿元。技术成果先后获得 2010 年、2018 年福建省科学技术进步奖二等奖，2016 年中国产学研合作创新成果奖二等奖，2017 年农业部神农中华农业科技奖三等奖，2020 年中国产学研合作创新成果奖一等奖和 2020 年河北省科学技术进步奖二等奖，同时被列为 2018 年农业农村部十大引领技术；目前，该成套技术已支撑 60 多个县的整县养殖污染治理工程建设，有力地推进了国家有机肥替代和农业农村污染防治攻坚战等国家行动。

8.1.2　寒地种养区"科、企、用"废弃物循环一体化技术

收集寒地典型种养区农业废弃物（畜禽粪便和作物秸秆），混合起堆并调整物料水分和碳氮比，根据需要添加微生物菌剂，启动好氧发酵。实时监控堆体温度、水分，高温期翻堆操作和水分调控，创造适宜好氧微生物菌群活动条件。堆体温度稳定后进入后熟陈化阶段，按照无害化处理和肥料化利用的不同要求，配伍菌剂和养分，倒堆处理，生产加工系列有机肥料。二段式好氧堆肥发酵全程由寒地堆肥环境因子监控，实现农业废弃物资源化规范操作。打造"科、企、用"联合体平台，推进农业废弃物收集、处理和利用一体化循环技术落地应用（图 8.2）。

工艺流程如下。

a. 废弃物收集：畜禽粪便、作物秸秆、其他辅料。

b. 废弃物处理：二段式好氧堆肥。第一段（好氧发酵）：废弃物按比例混合起堆，调整水分和碳氮比，根据需要添加激活菌剂，高温期翻堆，低温期不翻堆。第二段（堆肥熟化）：静态陈化，倒堆无害化；或倒堆添加菌剂、有益养分肥料化。

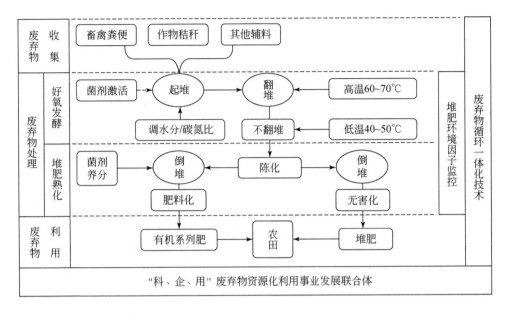

图 8.2　寒地种养区"科、企、用"废弃物循环一体化技术工艺流程

c. 废弃物利用：堆肥、有机系列肥农田施用。堆肥环境因子全程实时监控管理好氧堆肥操作。

2016~2020 年，依托关键技术，收集处理畜禽粪便 42.4 万 t，作物秸秆 13.22 万 t，生产有机系列肥 6.731 万 t，制定粪污资源化利用实施方案，推动 115 万头猪当量粪污实现资源化利用，减排粪污 125 万 t。由关键技术集成的废弃物肥料化成套技术和清洁生产技术在黑龙江省阿城、巴彦、林甸等种养区推广应用 816.13 万亩，增效 6.04 亿元，为流域水环境质量改善、黑土地保护和化肥减施提供了科技支撑。

8.1.3　基于种养耦合和生物强化处理的水产养殖污染物减排与资源化利用技术

该技术也基本遵循"源头减量—生物发酵—全程控制—循环利用"原则，通过水生植物及微生物的联合应用对养殖水体进行原位氮磷削减，控制废水及污染物减排；利用水稻、莲藕、蔬菜等农作物与水生动植物吸收水产养殖动物的排泄物、残饵及废水有机物，实现养殖废弃物的资源化利用，废水再经生态沟渠、生态塘及生物滤池的末端生物强化处理，实现养殖水质的达标排放或回用（图 8.3）。

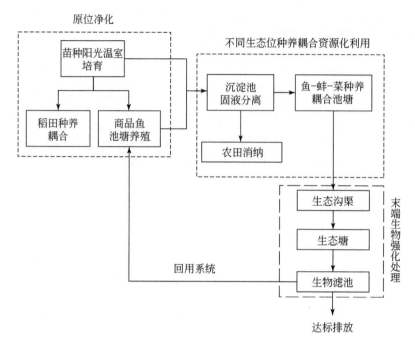

图 8.3　工艺流程图

　　a. 养殖水体原位净化环节：将水产养殖分为苗种阳光温室培育和商品鱼池塘或稻田养殖两个阶段。构建苗种阳光温室培育案例，在阳光温室培育池水面设置植物浮床或立体植物栽培架，栽培空心菜、水葫芦、美人蕉等水生植物，并同时使用微生态制剂；苗种培育一定时间（中华鳖幼鳖培育 8～10 个月）后转入池塘或稻田进行商品鱼养殖。苗种培育池或池塘养殖池的排放废水经沉淀池固液分离后，上清废水通过溢流管进入鱼–蚌–菜种养耦合池塘，固体废弃物进入稻田、藕塘或菜地作为肥料使用。

　　b. 不同生态位种养耦合净化环节：经固液分离后的废水通过溢流管进入鱼–蚌–菜种养耦合池塘，水面利用竹排浮床种植空心菜、水芹菜等水生蔬菜，池塘放养草鱼、鲢、鳙等草食或滤食性鱼类及河蚌、青虾等，实现对水体氮磷营养物的资源化利用。

　　c. 末端生物强化处理环节：废水经鱼–蚌–菜种养耦合池塘实现资源化利用后，依次排入生态沟渠、生态塘和生物滤池，通过水生动植物、填料生物膜等对氮磷的吸收或降解，对废水进行生物强化处理，达到回用或排放标准。

　　具体工艺流程如图 8.3 所示。

　　在杭州市余杭区径山镇前溪村杭州唯康农业开发有限公司开展示范推广，在使用生态净化处理集成技术后,经过 6 个月的连续稳定运行,在此期间对基地养殖场进、出水水质指标进行连续性检测分析,结果显示最终出水 TN 浓度小于 2.5mg/L,NH_4^+-N、TP 和 COD 均达到《地表水环境质量标准》(GB 3838—2002)Ⅲ类水标准。

8.2 "收转用"模式应用综合成效

水专项实施前,关于养殖面源污染削减方面,更多的是关注了养殖有机污染控制技术,注重用厌氧发酵技术削减养殖的有机污染;水专项实施后,更加注重我国养殖业污染全程控制与产业延伸技术及其与环境的配伍。针对养殖污染控制技术单一、不成体系、不成套及未考虑种养一体等问题,通过水专项的技术研发及集成研究,提出了以"源头减量—生物发酵—全程控制—多元处理—农牧循环"为思路的养殖业面源污染防控技术;在水专项研发 39 项养殖污染控制技术基础上,集成提炼出基于微生物发酵床的养殖废弃物全循环利用、寒地种养区废弃物循环一体化及基于种养耦合和生物强化处理的水产养殖污染物减排与资源化利用等技术,从源头减量、过程发酵等多元处理及全循环资源利用等方面进行创新,突破了养殖业污染控制的技术瓶颈,构建了粪污收集、处理和利用的全程种养一体化防控体系,实现空间尺度上区域氮磷的循环利用和就地消纳,污染物入河负荷削减 95% 以上,实现了示范区域内的种养一体化与养殖污染的趋零排放。基于微生物发酵床的养殖废弃物全循环利用技术在全国 20 多个省(自治区、直辖市)累计推广应用 3000 万猪当量,削减 COD、TN 和 TP 分别超过 97 万 t、10.7 万 t 和 1.6 万 t,创造经济效益 340 亿元以上,有力支撑了整县养殖污染控制与区域水环境质量改善。具体成效如下。

(1)强调了饲料源头氮磷污染控制和节水饲饮,确保减排不减产。

基于不同养殖品种特征和养殖方式,结合产量需求,确定饲料添加剂品种搭配和适宜投入量,提高饲料养分利用率 50% 以上;同时通过动物饮水设施改造,源头节水排放 30% 以上,实现养殖系统内氮磷减投减排的同时,保障养殖动物产能。

(2)构建了养殖全程的污染物生物转化系统组合,减少养殖过程氮磷总量排放。

养殖粪污臭味重、产量大、浓度高,容易对环境造成较大污染,因此需要根据不同养殖品种和养殖方式,因地制宜构建具有污水减排、臭气少产生、粪污发酵转化和资源利用等多个元件组合的污染物过程转化系统。通过优化系统过程工艺组合、参数优配,提升系统氮磷减排 90% 以上,实现空间有限条件下的养殖废弃物氮磷污染的高效处理。

（3）进行技术集成与农牧循环应用，实现养殖氮磷污染的全程削减和减排，提升区域排水水质。

对于具有多种不同养殖品种和农作物的农业区域，应根据作物的养分需求和养殖排污特征，利用关键技术削减种养系统内的氮磷排出量，同时以系统间的链接节点为技术落脚，无缝链接系统间的氮磷物质流，实现空间尺度上区域氮磷的循环利用和消纳，污染物入河负荷削减95%以上，实现了示范区域内的种养一体化与养殖污染趋零排放。

8.3 "收转用"模式农业农村清洁流域应用实践

"收转用"模式重点支撑了淮河八里河农业农村清洁流域建设。水专项在"十一五"相关研究成果的基础上形成了以微生物发酵技术为核心的"种-养-加"废弃物异位发酵床一体化控制技术、垫料的生物肥料化技术，集成了基于无害化微生物发酵的"种-养-加"废弃物一体化循环利用标志性成果。

（1）创新了因地制宜的"种-养-加"废弃物异位发酵床一体化处理技术，实现资源化利用和养殖污染的自动化、高效率处理与零排放。

该技术在"十一五"相关研究基础上，针对畜禽粪污原位发酵床处理技术在季节和地域上应用的限制，对原位微生物发酵床进行适应性升级，创新性提出由秸秆、薯渣为主要垫料组分的"种-养-加"废弃物异位发酵床一体化处理技术，通过垫料微生物菌剂的分解转化，达到对畜禽养殖粪污的快速分解、转化。该技术实现了农作物秸秆（油菜、水稻和玉米秸秆）、淀粉加工业薯渣、养殖粪污的同步处理，解决了养殖场废水直排对周围水体的环境污染问题，同时也可以实现对垫料的机械化翻堆，降低人工成本。

（2）创新了薯渣-秸秆农业废弃物垫料化和养殖废弃物快速腐熟肥料化技术，研制出生物有机肥产品，实现农业废弃物的高值转化和资源化。

针对养殖废弃物资源化过程中的技术瓶颈，开发了养殖废弃物发酵腐熟菌剂，筛选了拮抗生防菌株，并进行了生物有机肥料的开发，最大限度提高废弃物的处理率和资源化价值。创新了淮河流域"种-养-加"废弃物一体化循环利用模式，提出了农作物秸秆和淀粉加工薯渣资源化利用新模式。技术研发成果在颍上县君喜悦农牧有限公司示范应用，建立的处理10 000头出栏生猪粪污的异位微生物发酵床一体化处理工程，年处理粪污总量1.46万t，秸秆处理量2000t，薯渣处理量1000t，消减粪污中的COD约280t、氨氮10.7t，负荷消减量均达到90%以上，为解决秸秆焚烧产生的空气污染问题提供了借鉴。

(3) 研发了基于废弃物转化有机肥还田的配肥方案及耕作模式，实现减肥增效。

通过八里河流域土壤养分含量等级划分，采用 Kriging 插值方法和一元二次方程与线性加平台程序，提出了小麦和玉米季适宜的有机氮替代化肥的比例，并与生物有机肥结合使用，推荐施肥分区与配方肥转化载体相结合的区域配肥技术，并研发出手机 APP 智能施肥技术，增强了区域施肥管理的针对性与准确性。2016～2019 年农田种植清洁生产技术模式在八里河流域累计示范推广 188 万亩；减少化肥用量约 5500t，增产粮食约 7500 万 kg，节本增收约 2.22 亿元，秸秆综合利用率达到 90% 以上。

(4) 评价了农业废弃物资源循环利用风险，提出风险管控措施，保障"种-养-加"一体化模式安全。

针对八里河流域实施"种-养-加"农业废弃物资源循环过程可能存在的生态风险，调查和评价了该区域农业土地利用过程中秸秆还田、粪肥应用、农药使用等多方面的环境风险源；开展了猪粪使用后的土壤与作物中重金属和抗生素的影响评价及环境风险水平研究，从而为区域农业土地利用的环境风险预警和管理提供依据，编制并发布《颍上县农业废弃物安全还田技术指南》《农业废弃物还田风险管控导则》，确保在项目实施区域对农业废弃物应用与秸秆还田进行规范指导和有效管控。

技术来源：中国农业科学院农业环境与可持续发展研究所、安徽省环境科学研究院。

第9章 | 农村生活污染负荷削减的 "收处用" 模式

9.1 "收处用" 模式应用代表成套技术

支撑农村生活污水面源污染 "收处用" 可持续发展治理的代表如下。

9.1.1 与种植业相融合的农村生活污水生物生态组合处理技术

该成套技术基于 "因地制宜、高技术、低投资与运行成本、资源化利用" 的可持续发展原则，首次识别了农村生活污水的特性与资源化利用的条件和价值，充分考虑 "农村、农业、农民" 的特点和需求，将生物处理单元与生态处理单元相融合：由生物单元去除有机物，生态单元作为污染净化型农业实现氮磷去除和资源化利用（图9.1）。适合于处理水量不大于200t的我国普通农村的分散式生活污水处理。与常规技术相比：由于生物处理单元只去除有机物，不专门设计除磷脱氮功能，从而大幅度简化了生物单元，既降低了建设成本，又使得运行维护简单，适应了农村的管理需求；在生态处理单元，筛选氮磷吸收能力强、生物量大的空心菜、莴苣、水芹菜等经济性作物替代芦苇、香蒲等传统湿地植物，在尾水氮磷资源化利用的同时，产生可观的经济效益。

该技术生物单元以有机物去除为主，力求高效、低耗、易维护。主体可由厌氧和好氧段，也可由缺氧和好氧段组成，主要可选技术包含：大深径比高效厌氧反应器、折板高效厌氧反应器、阶梯式与交错式跌水充氧反应器、复合强化脉冲生物滤池装置、反硝化缺氧反应器、水车驱动生物转盘等。生态单元利用氮磷构建污染净化型农业，产生效益。可选技术包含：水生蔬菜滤床+潜流湿地组合人工湿地、浸润度可控型人工湿地和阶式多功能强化生物生态氧化塘。利用水生蔬菜滤床和浸润度可控型潜流人工湿地的组合，显著延长潜流人工湿地寿命；充分利用两者的工艺特点，有效提高氮磷去除率，缩短湿地启动期，增加植物产量。通过上述单元技术的系统集成和优化组合，可构建多种因地制宜且具有节能、高效、低维护、景观化、园林化特征的菜单式可选工艺流程，形成可满足不同农村

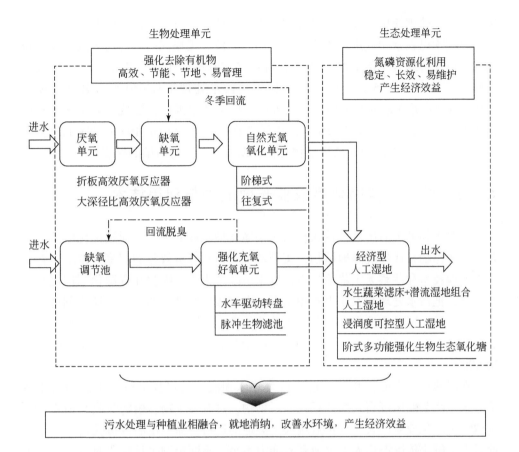

图9.1　与种植业相融合的农村生活污水生物生态组合处理技术逻辑图

背景条件与需求、高适应性的系统方案，突破复杂农村条件下的技术适应性难题，与农业农村部提出的"利用为先，就地就近"指导意见密切联系，为农村生活污水治理提供了高效、适用、资源化、标准化、成套化的技术和装备。

经测算，采用该技术，COD 去除率大于85%，BOD_5 去除率大于90%，SS 去除率大于90%，NH_4^+-N 去除率大于95%，TN 去除率大于80%，TP 去除率大于85%。主体工艺相比于其他农村生活污水处理技术具有以下特点：建设和运行成本低，吨水设备建设成本仅为7500元，直接运行费用不超过0.15元/t，较传统农村生活污水处理工艺节能50%，运行稳定。经第三方监测，工程出水全年优于《城镇污水处理厂污染物综合排放标准》（GB 18918—2002）一级 B 标准。生态单元可产生经济效益，种植经济型作物，每亩每年可产生 20 000 元以上的经济收入。立体布置，占地面积小，便于保温，较传统农村生活污水处理工艺节地

20%以上。管理简单，通过自动控制实现无人值守运行，定期巡检即可。

该技术已在常州武进、无锡宜兴、南京高淳、无锡江阴等地为多地"覆盖拉网式农村环境综合整治工程"和"农村环境连片整治工程"提供了有力的技术支撑。截至 2020 年 5 月，已建成农村生活污水处理工程 640 座，处理规模达1.58 万 t/d；并在淮安和山西、云南等地实现了技术推广，建成设施 7 座，总规模 331t/d。工程覆盖人口逾 10 万，年污染物削减量为 COD 1932t、TN 173t、TP 19t，有效降低了太湖的入湖污染物总量，助力农业农村污染的控制。

9.1.2 尾水污染净化型农业长效消纳与利用技术

针对生物处理后尾水，首次提出污染净化型农业的理念，通过优化湿地构型并以经济作物替代传统湿地植物，实现环境效益和经济效益的双赢。技术融合了人工湿地技术和蔬菜无土栽培技术，以水生蔬菜为主，吸收并资源化利用尾水中的氮磷，把污水处理与农业生产相结合，在完成污水处理的同时，还能创造可观的经济效益。现已比选出空心菜、水芹菜等适宜不同水质的水生蔬菜 5 种，适合在江苏及长江中下游地区种植，可满足全年换茬需求，生态单元亩产值可达20 000 元。

在湿地构型方面，开发了水生蔬菜滤床和浸润度可控潜流人工湿地联用技术。水生蔬菜滤床可高效拦截颗粒性污染物，具有微生物、植物吸收和植物根系过滤三重净化效应，大大延长潜流人工湿地的运行寿命。浸润度可控潜流人工湿地着力于解决传统潜流人工湿地复氧能力不足、不同植物生长阶段对浸润要求不同的问题，通过浸润度的灵活调控，可有效提高氮磷去除率，缩短湿地启动期，增加植物产量 15%以上。在寒冷地区应用时，既可以建设薄膜暖棚，也可在冬季将水位线控制在冰冻线以下，保证湿地的正常运行。出水可长期稳定达到或优于《城镇污水处理厂污染物综合排放标准》(GB 18918—2002) 一级 B 标准（图9.2）。

已在常州武进区建成典型示范工程 2 座，总处理规模 30t/d；在高淳、宜兴建成农村生活污水处理设施 239 处，总处理规模 4278t/d。技术已推广至北京、山东、湖南等地，建成处理单元 12 座，总处理规模约 76t/d。

9.1.3 农村生活污水自充氧层叠生态滤床+人工湿地处理技术

自充氧层叠生态滤床+人工湿地处理技术属于组合型人工湿地，以"自通风耦合系统"为核心，通过生态滤池空气对流实现自动增氧，采用不同填料（火

图9.2　尾水污染净化型农业长效消纳与利用技术实例

山岩、蚌壳等富含钙离子填料）及配置的耦合系统，生态滤床实现生态滤池的空气对流、自动增氧，实现污染物高效低耗的去除，降低投资和运营维护成本。采用层叠结构，占地面积较小，脱氮能力强。采用了火山岩、蚌壳等富含钙离子的填料，除磷效果明显。该技术在充分结合了生物滤床与人工湿地的基础上，加入自充氧系统进行技术升级，颠覆了传统的污水处理方式，在高效处理污水的同时保持生物滤床的无动力好氧运行，建设成本为2000～3000元/t，占地2～4m²/t，能耗仅为提升水泵所需电耗，出水可长期稳定达到或优于浙江省《农村生活污水处理设施水污染物排放标准》(DB 33/973—2015) 一级标准。该技术建设成本和运维投入均低于传统的人工湿地技术，且运行效果稳定优良，具有较高的水力负荷和污染物负荷，以及良好的抗冲击性（图9.3）。

图9.3　自充氧层叠生态滤床+人工湿地处理技术中试现场

该技术已在余杭、桐庐、建德、开化等县（市、区）完成164个站点的建设、投入运行并移交运维，在浙江省"五水共治"中得到广泛应用。其中在苕溪中游杭州市余杭区径山镇建设完成两处示范工程应用案例，其中径山镇求是村中村处理规模50t/d，求是村下村处理规模20t/d，目前两处工程点位运行状况良好。其中桐庐、建德、开化等县（市、区）点位众多，其处理规模为10～100t/d，目前运行状况良好。

9.1.4　农村生活污水改良型复合介质生物滤器处理技术

改良型复合介质生物滤器处理技术以餐厨废水处理为主要对象，研制了专用填料，通过配水、运行和填料填充方式优化，强化了滤器内兼氧–好氧微区的形成，提高了反硝化效果，破解了常规工艺氮磷去除效率低、耐冲击负荷差、运行性能不稳定等难题，出水主要指标稳定达到浙江省《农村生活污水处理设施水污染物排放标准》（DB 33/973—2015）一级标准，投资成本4000～6000元/t；运行成本小于0.3元/t；占地1～2m²/t，为人工湿地技术的1/5左右；与A/O工艺组合联用时占地只有人工湿地的1/10左右；运行成本减少30%以上。筛选获得的油脂降解菌剂，对含有不同氮素和碳源的模拟污水中的油污的降解率可以达到80%以上，同时，对于污水中的吐温（Tw）、十二烷基硫酸钠（SDS）、皂角苷等表面活性剂的降解效率也可以达到80%以上（图9.4）。

系列技术在安吉县县域范围推广应用，建设了农村生活污水处理设施937个，设计水量3497.5t/d，农家乐污水处理示范推广工程7个，设计水量258t/d，示范推广工程年可削减TN约为149.02t，TP约为6.63t。同时，研发的复合介质生物滤器技术和一体化A/O装置稳定可靠、适应性强、效果明显，以安吉为样板已在我国长江经济带地区浙江省湖州市、嘉兴市、诸暨市、衢州市、台州市等地，安徽省黄山市，江西省芦溪县，江苏省溧阳市和盐城市及河南省中牟县，海南省陵水县等地推广应用，累计处理生活污水超过300万t/a，设施设备销售收入1.02亿元。

9.1.5　高适应性农村生活污水低能耗易管理好氧生物处理技术

常规小型污水生物脱氮工艺中，曝气动力消耗一般占日常运行成本的80%，是传统生物处理的主要耗能单元。高适应性农村生活污水低能耗易管理好氧生物处理技术包含水车驱动生物转盘、阶式跌水、往复式跌水、拔风等自然充氧形式，有污水跌落充氧、溅水分散充氧和暴露富氧三重充氧作用，具有节能和充氧

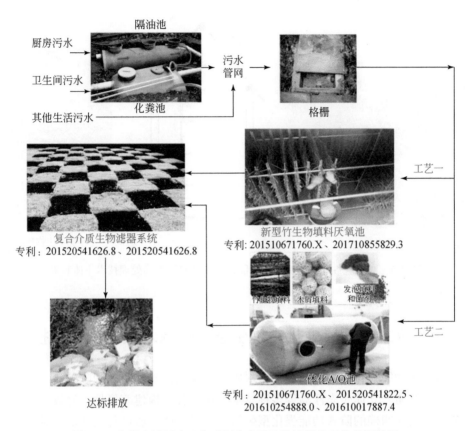

图 9.4　农村生活污水改良型复合介质生物滤器处理技术逻辑图

双重效果，改变了传统生物处理曝气方式，构建了多种低能耗好氧处理装置；装置可单级、多级阶梯式或多级垂直交错式布置，具有节省占地面积、增强景观效应的优势。工艺仅需一个水泵，无人值守运行，吨水能耗平均为 0.13～0.20kW·h，实现工艺能耗的显著降低，较传统 A/O 工艺的吨水能耗降低 50% 以上。因水车驱动生物转盘的高效充氧效率，适用于较高污染物浓度的生活污水或具有景观要求的村落，且可免除前置厌氧设施（图 9.5）。

　　该技术已在宜兴、常州、高淳等地建成农村生活污水处理工程 612 座，总处理规模 550 万 t/a。技术已推广至江苏淮安和云南、湖南等地，建成生活污水处理单元 10 座，总处理规模近 400t/d。

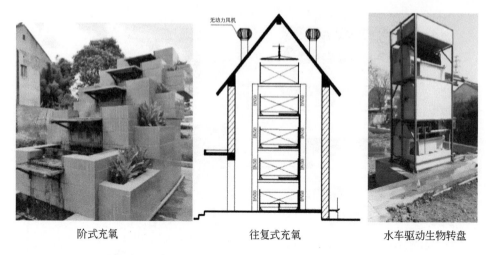

阶式充氧　　　　　　往复式充氧　　　　水车驱动生物转盘

图 9.5　高适应性农村生活污水低能耗易管理好氧生物处理技术主体装置

9.1.6　阶式多功能强化生物生态氧化塘水质深度净化技术

　　阶式多功能强化生物生态氧化塘水质深度净化技术基于软围隔导流、生态护岸、人工介质、立体生态浮岛等多种技术优化组合，构建兼氧塘、好氧塘、水生植物塘等功能明确的阶式功能强化型生物生态氧化塘，通过各级功能互补，依靠塘中的藻、菌共生原理来充分调动水体的自净能力，达到去除氮磷、深度净化污水处理尾水、改善水体景观的目的。可在农村废弃小河、沼泽、池塘等的基础上，简化施工，实现生态单元建设的低成本，突破传统氧化塘占地面积大、污水处理效率差等缺陷，较传统生态氧化塘水力负荷提高 2 倍以上。建设成本 4000 ～ 5000 元/t，直接运行成本 0.12 元/t 左右，所用植物以空心菜和水芹菜为主，空心菜产量约 3400 斤/亩，水芹菜 800 斤/亩，产生经济效益约 10 000 元/亩，出水达到《城镇污水处理厂污染物排放标准》（GB 18918—2002）一级 B 标准（图 9.6）。

　　已在太湖流域建成示范工程 28 座，总规模 3086m³/d，其中典型示范工程 2 座，分别建于常州市武进区横山桥镇（480m³/d）和无锡市宜兴市芳桥街道（30m³/d）。在示范区外山西省泽州县下村镇污水处理工程（2000m³/d），山西省泽州县大东沟镇长河河滩人工湿地水质净化工程（3000m³/d），山西省泽州县巴公河薛庄生态湿地水质净化工程（6.5 万 m³/d），江苏省泗洪县城北污水处理厂尾水净化生态湿地（6 万 m³/d），江苏省南京扬子石化污水处理厂尾水多阶式生

图 9.6　阶式多功能强化生物生态氧化塘水质深度净化技术实例

物生态氧化塘（2000m³/d）、江苏省南通市经济开发区第二污水处理厂尾水湿地水质净化系统工程（14.8 万 m³/d）中实现了技术推广。

9.1.7　农业农村面源污染控制与治理管理对策

　　流域农业农村污染控制要进一步开展流域层面"种养生管"一体化治理与生态修复技术的集成研究，特别是面源污染形成过程中的每个节点上，不仅要有相应的治理技术，更要注重政策管理手段的研究，实现各个节点之间的衔接、时间和空间序列上的技术全覆盖，从源头上保证单项技术与集成技术协调发挥作用。具体对策包括：①转变农业发展模式，大力发展生态循环农业；②明确各级政府和部门职责，建立多部门联动管理机制；③全面推广实施最佳管理措施；④加大农业农村污染治理资金投入，建立多元共治模式；⑤建立农业农村污染防治激励补偿机制；⑥完善农村面源污染的监管体系；⑦加强政策宣传教育和技术培训。

9.2　"收处用"模式应用综合成效

　　水专项实施前，我国农村生活污水处理缺乏技术储备，没有适用技术，通过专项攻关，已研发 50 余项相关技术，示范与推广工程覆盖全国。针对我国农村生活污水排放分散、基础设施落后、处理率低、技术储备匮乏、运行管理难度大、忽视农业农村背景条件和氮磷营养盐消纳能力不足等问题，紧密联系"农村、农业、农民"，基于我国农村生活污水的技术需求和背景条件，瞄准"因地制宜、技术高效、低建设与运行成本、易维护、资源化利用氮磷"的目标，水专项集成提炼出与种植业相融合的农村生活污水生物生态组合处理、尾水消纳与农业长效资源化利用及高适应性农村生活污水低能耗易管理好氧生物处理等农村生活污水治理技术，为不同背景条件和需求的农村生活污水治理提供了强有力的技术支持。推优技术从生物单元的高效低耗、生态单元的稳定资源化利用和菜单式可选技术体系3个方向开展创新研发，突破了复杂农村条件下的技术适应性难题，实现了节能50%以上、出水稳定达标及氮磷资源化利用的目标，填补了我国农村生活污水处理技术的空白。已建处理设施规模超230万 t/d，年削减 COD约21万 t、TN 约3.0万 t、TP 约0.21万 t，实现直接经济效益约30亿元，累计产生的直接和间接经济效益总数达到316亿元，支撑了各大流域的农村污染物减排和水质改善。具体成效如下。

（1）识别农村特征，耦合氮磷削减和农业资源化利用，构建污染净化型农业。

用经济作物替代传统湿地植物并优化湿地构型，实现环境效益和经济效益的双赢。形成适合农业生产的人工湿地构型和生态技术，实现氮磷的高效资源化利用并获得经济效益。形成与种植业相融合的农村生活污水生物生态组合处理成套技术和尾水污染净化型农业长效消纳与利用技术、阶式多功能强化生物生态氧化塘水质深度净化技术等关键技术。

（2）优化生物处理技术。

通过生物单元主要功能为去除有机污染物的功能简化设计，同时以低能耗跌水和水车驱动生动转盘充氧形式替代高能耗曝气，大幅度降低运行成本和管护难度，并切实提升运行稳定性，实现生物处理简约、低成本化、集约化。研发出低能耗易管理好氧生物处理技术、改良型复合介质生物滤器、FMBR 兼氧膜生物反应器等关键技术。

（3）基于"生物生态组合"理念，构建了菜单化单元技术的有机组合。

构建了可应对农村不同背景条件（含气候条件、地质条件、水位条件、地理位置、土地面积、排放要求等）的高适应性农村生活污水处理的工艺组合。工艺流程包括：南方发达地区，反硝化脱臭—水车驱动生物转盘—组合式经济人工湿地、阶式多功能强化生物生态氧化塘水质净化与氮磷资源化利用技术、自充氧层叠生态滤床+人工湿地；南方欠发达山区，厌氧—跌水曝气—阶式多功能强化生物生态氧化塘/水生蔬菜滤床+潜流人工湿地、人工快渗一体化净化技术；北方寒冷地区，外加保温的反硝化脱臭—水车驱动生物转盘—浸润度可控型潜流人工湿地；高原低收入地区，厌氧—脉冲多层复合滤料生物滤池—组合式经济人工湿地等。

9.3 "收处用" 模式农业农村清洁流域应用实践

"收处用" 模式重点支撑了巢湖小柘皋河农业农村清洁流域建设。针对巢湖小柘皋河流域农业农村污染严重的问题，水专项开展了 "点—线—面" 全方位农业农村污染物处理，有效削减农业农村污染入湖负荷。点源污染处理主要针对农村生活污水随意排放的问题，研发集成了不同处理规模的农村生活污水处理系列化实用技术，实现了农村生活污水治理与农业生产相结合，解决了农村生活污水治理用地难、运行维护难的问题；线源污染治理主要以小柘皋河为对象，研发集成了固定化微生物脱氮技术、人工净水草技术、水生植物的配置技术等实用技术，在不阻塞河道的情况下，最大限度地利用河道的空间，争取最大的水力停留时间（HRT），已达到较好的净化效果；面源污染治理主要针对沿河地区农田肥料使用量高的问题，研发集成了农田氮磷控制标准化技术，农民自发按照肥料减量化方式种植作物，促进地区农业生产向低氮磷生产方式转变。集成入湖河流农村面源污染治理与尾水生态修复技术体系，实现 $10km^2$ 小流域 TP、TN 和 COD 去除率分别达到 65%、82% 和 67%，为经济欠发达的巢湖地区农业农村污染控制提供了技术支撑和示范样板。

（1）开发系列化不同规模点源农村生活污水实用处理技术，促进污水资源化利用。

农田为巢湖地区农业收入主要来源之一，该地区人均土地占有量小，生活污染治理需要大量的土地，存在污染治理与农民利益相矛盾的问题。本研究提出因地制宜的农村生活污染治理新思路，研发了厌氧塘—兼性塘—生物塘生物生态处理生活污水的三级塘强化技术和土壤处理技术及分散厌氧—土壤净化床集中式原位处理技术，技术有效应用于农村居民的生活污水处理，COD、TN、TP 去除率分别为 76.53%、78.86%、90.20%。污染治理工程实施后，污水用于农田灌溉和旱作作物的种植，还田利用土地农民可继续耕作，做到了不占地，实现了农村生活污染治理与农村生产相结合，这种方式得到农民的认可，解决了生活污染治理与占用农民耕地的矛盾，解决了农村生活污染治理用地难、运行维护难的问题，可为欠发达地区不同类型农村生活污染治理提供技术支撑。

（2）开发了人工水草–天然水生植物配置的河道线源污染修复技术，实现清水入湖。

针对小柘皋河上游污染量大、浓度高的河道污染源特征，采用了固定化微生物脱氮–人工净水草–天然水生植物联合修复，在较短的流程内大幅度降低污染物的浓度，中间主要采用不同植物配置进行修复，同时通过生态拦截，下游以沉水植物进行修复。通过河道水生植物配置，在不阻塞河道的情况下，最大限度地利用河道的空间，争取最大的水力停留时间（HRT），已达到较好的净化效果，最后达到河道污染物去除的目的。示范工程对 TP、TN、COD 的平均去除率为70.73%、52.00%、35.89%。入湖河口水质提高 1 个等级以上，达到了Ⅵ类水。

（3）开发了巢湖地区大田作物稻麦油菜氮磷面源污染减量化标准化治理，促进巢湖东部地区农业生产向低氮磷投入生产方式转变。

本研究开发和生产了生物腐殖酸［微生物肥料证：微生物肥（2011）准字（0492）号］、有机物腐熟菌剂［微生物肥（2010）临字（1204）号］两种肥料，发布了《环巢湖地区水稻氮磷减量控制栽培技术规程》(DB 34/T 1427—2011)、《环巢湖地区油菜氮磷减量控制栽培技术规程》(DB 34/T 1425—2011)、《环巢湖地区小麦氮磷减量控制栽培技术规程》(DB 34/T 3295—2018) 三个安徽省地方标准；累计应用了肥料减量化和优化施肥技术 7750 亩，在用量削减20%~25%的情况下，肥料的利用率提高 6.5%~7.8%，削减农田径流对河道水体的氮磷等污染负荷排放 17%~31.2%；同时该技术产生了直接经济效益，每亩节约肥料约 30 元，为农民每亩直接创收 40 元以上。该技术保障了农田作物不减产，农民生产投入减少，肥料流失量减少，得到了地方政府认可，并带动了周边地区农民自发进行应用，促进巢湖东部地区农业生产向低氮磷投入生产方式转变。

技术来源：中国农业科学院农业环境与可持续发展研究所。

第10章 农业面源"种-养-生"一体化控制模式

从流域尺度上构建"节减用、收转用、收处用"的技术体系，该技术体系以养分循环利用为纽带，通过建立流域时空配置的"种-养-生"污染源统筹治理，实现三者在流域尺度上防治技术的有效衔接与污染废弃物循环利用的目标（图10.1）。"种-养-生"各自的防控技术体系都有各自的技术参数，通过废弃物加工资源化利用的衔接关系进行一体化控制的技术集成。主要通过"节减用、收转用、收处用"各环节的技术包和工艺技术组合，形成因地制宜的流域"种-养-生"技术模式，为农业农村废弃物循环利用和农村人居环境优化提供可行的技术支持。

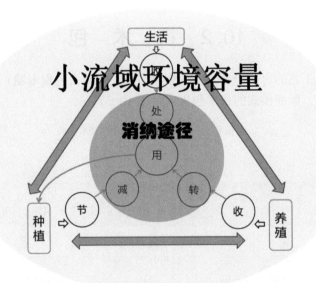

图10.1 "种-养-生"一体化技术体系构建

10.1 组合工艺

通过突出种植业"节减用"、养殖业"收转用"和农村生活"收处用"技术体系中的"用",将三者进行工艺组合,构建源头收集—堆肥化处理—资源化利用链条,重点突出"种-养-生"三者废弃物的加工与互补配用,实现统一化处理,最大化地降低资源养分的流失,实现废弃物的循环利用和可持续发展(图10.2)。

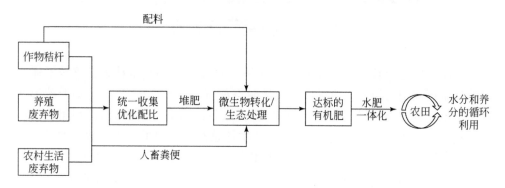

图10.2 "种-养-生"一体化控制技术模式图

10.2 技 术 包

针对组合工艺的每一个环节("种-养-生"的源头过程末端)提出相应处理单项技术支撑,形成模式的技术包集成(图10.3)。

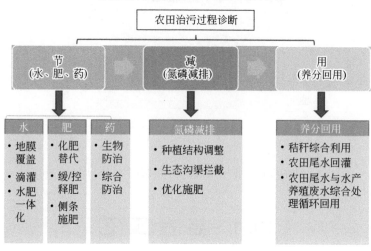

(a)种植业面源污染防控"节减用"技术体系

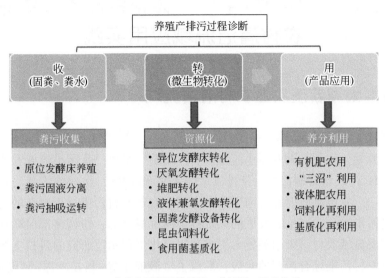

(b)养殖业面源污染防控"收转用"技术体系

(c)农村生活面源污染防控"收处用"技术体系

图 10.3 "种–养–生"的"节减用、收转用、收处用"体系技术包

10.3 "种-养-生"一体化控制模式农业农村清洁流域应用实践

10.3.1 太湖苕溪农业农村清洁流域

浙江省安吉县是我国第一个国家一级生态县，是"绿水青山就是金山银山"理论的发源地，地属太湖苕溪小流域。"十二五"期间，苕溪小流域农业农村污染 TN 和 TP 排放量分别占总污染排放量的 47% 和 72%，已成为流域治理的主要污染源之一。安吉县政府针对南方典型水网区农业农村污染过程复杂的特点，把农业农村污染治理放在生态发展的系统框架内统筹考虑，协调多部门联动，通过水专项苕溪流域农村污染治理技术集成与规模化工程示范研究的科技支撑，开展县域农业农村污染综合治理的实践，形成了"政府主导-科技支撑-制度创新-多方参与"的"生-种"氮磷污染一体化防控和管理的"安吉案例"。该案例在安吉县域示范区得到实践应用，实现 TN 削减 28.5%、TP 削减 23.4%，地表水环境功能区水质达标率 90% 以上，助推了生态文明"样板地、模范生"建设。目前"安吉案例"已在江西萍乡市三县区得到推广应用，推动了全域水环境质量改善和美丽乡村建设。

（1）形成了"政府主导-财政调控-制度创新"的县域"生-种"污染一体化防治管理体系。

针对农业农村污染管理涉及政府部门多、统筹协调难的问题，安吉县成立了以分管县长牵头、职能部门参与的农业农村污染控制领导小组，明确责任单位，筹措项目资金，强化绩效监督考核。针对农业农村污染治理缺乏激励政策的问题，政府采用"以奖代补""以奖促治"财政激励手段，并在 2014 年出台了《安吉县集中饮用水源地生态保护奖补资金管理办法》，每年筹集 2500 万元资金，奖励封山育林、生态保护和面源污染治理等工程。

适度规模集约化经营是实现流域农业农村污染控制和管理的有效途径。核心示范区杭垓镇制定了一系列土地流转政策，包括毛竹林流转政策、板栗林流转政策、承包田和旱地流转政策等，促进了适度规模集约化经营的发展。

（2）提出了"分区分类统筹"县域"生-种"污染一体化防控方案，建立了"水源涵养-面源减控-水体修复"县域分区的"生-种"污染一体化防治技术体系。

针对县域范围内水环境保护工作缺乏科学性、系统性、全面性和纲领性指导等问题,运用数学建模分析县域内各类水环境污染物流失风险空间分布,识别县域范围内关键污染源区,结合当地环境规划实际情况,将安吉县 61 个子流域划分为二级八区,进行分区分类治理。以县域出境断面水质指标与水环境容量为限定条件,结合社会效益和经济效益核算污染物削减量,将污染物削减任务科学合理地分配到各乡镇为单元的污染控制区,制定安吉县域农业农村污染分区分类控制方案,为县域农业农村污染科学精准治理提供了方略。

针对上游经济林水土氮磷流失严重、影响饮用水源地安全的问题,研发与集成环保肥料、配方施肥、竹筒施肥和生态拦截沟渠等技术,构建了水源涵养与水土流失控制技术体系。针对中游人口密集、农村生活污染负荷比例高的问题,研发了新型生物填料和高效低耗脱氮除磷污水处理等技术,攻克了改良型农村污水复合介质生物滤器技术,研发了高效低耗脱氮除磷一体化装备,并开展了农村生活污水处理技术的推广应用。针对下游平原河网区水体富营养化问题,以减负修复为目标,突破了河沟塘污染水体分类分质生态修复和水下森林模块化构建关键技术,构建了农村河沟塘生态修复成套技术。通过上述成套技术的规模化应用,在苕溪小流域建成了覆盖面积近 2000km² 的示范区,实现区内 TN 和 TP 分别削减 30.9% 和 41.9%。苕溪小流域Ⅲ类水质比例从 66.7% 提升到 100%,入湖口国控跨界断面河流主要水质指标稳定达到Ⅲ类,实现了苕溪清水入湖。

(3)建立了"科教产学研用"县域"生–种"污染一体化防治技术推广体系,创新技术推广机构。

围绕安吉县科技需求,构建科研院所、基层推广机构、市场化服务组织和地方农户等广泛参与、分工协作的"科教产学研用"一体化推广联盟,实现农业农村污染控制技术组装集成、试验示范和推广应用的无缝链接,加快技术推广应用。

构建了县域农业农村污染控制技术推广信息网络平台,嵌入了安吉县智慧安吉管理平台,提供面源污染区域分布和适用技术查询模块。用户输入种植、养殖和农家乐等的地点、种类、规模、数量等信息,可以得到相应的科学施肥方案、污染控制方案、排放指标和造价等信息,方便指导农户和地方干部开展面源污染防治。

近年来,苕溪农业农村污染防治相关技术成果在浙江、江苏和江西等省上百个县得到推广与应用,规模达到 280 个行政村、300 万 m² 水体、105 万亩农田。研究成果为浙江省"千万工程""五水共治"和美丽乡村建设提供了科技支撑与典型示范。

（4）形成了"政府主导、第三方托管"县域"生-种"污染一体化防治长效管理案例。

建立第三方托管案例，制定运维规程，运用物联网和大数据等技术建立智能管理云平台，加强全程质量监管，确保农村生活污水治理设施稳定长效运行和污水的资源化利用。代拟了《安吉县人民政府办公室关于印发安吉县农村生活污水治理设施运行维护管理办法的通知》（安政办发〔2015〕55号），明确了县政府、乡镇（街道）、行政村、农户、第三方运维单位的主要职责，建立健全了安吉县农村生活污水治理设施运行维护管理体系。

技术来源：浙江大学、中国农业科学院农业环境与可持续发展研究所。

10.3.2　巢湖店埠河农业农村清洁流域

在安徽省肥东县牌坊乡流域，通过3个五年的研究及技术集成和示范，形成了基于无害化微生物发酵的农业有机废弃物利用的"种-养"一体化面源污染控制集成技术的标志性成果，突破了基于无害化微生物发酵床生态养殖的废弃物全循环利用和基于农田养分控流失产品（有机废弃物资源化产品为主）应用为主体的农田氮磷流失污染控制等关键技术，并形成店埠河小流域（定光河流域）农业农村污染控制方案，为兼顾经济与环境效益的低排放畜禽生态养殖模式、兼顾农作物增产与农田养分控制的低流失种植模式的农业农村污染控制提供了技术支撑和示范样板。以店埠河流域为实施对象，在100多平方千米的技术和工程综合示范区内，建成年产1万t的生物肥料厂，该厂作为流域资源转化中心，年收集和处理养殖废弃物量达到4万t，实现区域COD、TN和TP污染负荷总量分别削减3136t、471t和97t，基本实现了示范区畜禽养殖废弃物的趋零排放、农田养分控流失和生活污染的低成本控制。

（1）研发集成了面向农业农村污染控制的流域系统综合模拟与情景分析支撑技术，科学制定了店埠河小流域农业农村污染控制方案。

研发了一个以栅格为基本模拟单元的分布式流域系统综合模型。模型以栅格作为基本模拟单元，考虑水流路径计算面源污染物在空间上的迁移转化过程，并构建了畜禽养殖污染物低排放生态控制、养殖废弃物高值转化、农田养分控流失和村落生活有机污染物处理及资源化利用等管理措施的模拟模块；考虑不同管理措施特点设置不同管理措施情景，以流域过程模型为工具对多种情景进行多目标评价，以流域汇水区大小确定流域控制面积，调查流域的社会经济概况，涉及调查流域面积、常住人口、耕地面积、工业企业数量及规模化畜禽养殖状况等方面，对流域污染源进行解析；确定流域污染来源、分布及强度，分析其对整个流域水质的影响情况，从而确定重点控制源、点或单元、区域。集成污染控制和修复技术，进行分别验证和分析，最终提出以物质或养分循环为核心的农业农村清洁流域方案构建技术路线（图 10.4），得到农业农村部农业生态与资源保护总站和合肥市环巢湖生态示范区建设领导小组办公室认可。

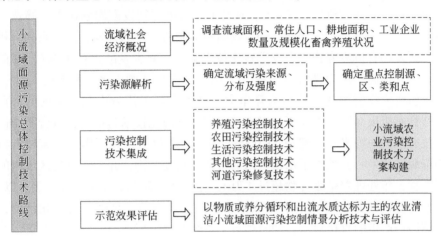

图 10.4　流域面源污染控制技术方案构建路线图

（2）研发集成了农业养殖废弃物全循环利用关键技术，实现废弃物高值利用与低排放，提高肥料养分利用率，有效削减农田养分流失。

针对目前养殖中存在的问题，创新了大通栏原位发酵床生态养殖和养殖污染异位发酵床控制相结合的畜禽养殖模式，实现了养殖过程的臭气污染有效控制和废水、固粪的趋零排放控制。通过原位发酵床生态养殖和养殖污染异位发酵床控制方式建立了畜禽养殖 "三废" 的有效防治模式，同时为资源化利用中心提供了大量的原料，为畜禽养殖废弃物资源化规模化生产、经营提供了有效的支撑。根据示范区内生猪养殖生长情况，在旺盛生猪养殖场应用了原位发酵床改造技术，创新采用了整体大通栏的猪舍设计，建设原位发酵床猪舍 $1000m^2$，处理年存栏 600 头生猪的养殖废弃物，废弃物达到零排放；建设了 $280m^2$ 的异位发酵床和 $2300km^3$ 的沼气发酵工程，用于沼液和其他废水的处理。在桂和奶牛养殖场建立了 $800m^2$ 的异位发酵床工程，用于收集牛粪、牛场废水、周边鸡粪、旧垫料、蘑菇渣及秸秆等农业有机废弃物，一次性可堆置废弃物 $1000m^3$。通过以上技术综合应用实现了沼液和旧垫料的资源化，并应用于周边 500～600 亩大棚杭椒的种植；第三方监测结果显示，养殖场入店埠河的排放口水质达到了《畜禽养殖业污染物排放标准（二次征求意见稿）》(2014 年) 中关于环境敏感区的环境排放标准，入河污染负荷削减了 90% 以上。

在解决畜禽养殖废弃物资源化原料问题后，研究开发了一套高效的养殖废弃物生物腐殖酸转化技术工艺，以及发酵工艺一体化装备化工程技术，实现了技术工程化、工艺装备化及养殖废弃物快速连续发酵。固体废弃物发酵罐每天一次发酵投入含水量75%的物料6~8t，连续投料发酵，从第7天开始每天投料，每天生产出达标的固体有机肥2.5~3t。研发了养殖废弃物发酵腐熟菌剂，筛选了拮抗生防菌株，并进行了生物药肥和生物腐殖酸肥料产品的开发，形成系列有机肥产品；研发的有机废弃物综合发酵转化技术工艺，减少发酵过程40%C、N的挥发和流失，提高产品中腐殖酸含量50%以上，降低吨肥占地面积50%以上，提升了养殖废弃物资源化的价值与竞争力，极大提高了流域内和区域内的畜禽养殖、秸秆有机废弃物资源化率。以养殖废弃物资源化技术为依托，以合肥小岗生物科技有限公司为平台，建成11 000m²的生物肥料厂，该厂作为小流域有机废弃物资源转化中心，处理了示范区内的畜禽养殖废弃物，并大量收集区域内的养殖废弃物，年处理养殖废弃物超过4万t，年产有机肥和育苗基质1.5万t以上，年新增价值达到1100多万元，最大限度提高废弃物的处理率和资源化价值，减少养殖污染产生的直接负荷；同时进行了牛粪养殖蚯蚓和种植蘑菇的多渠道废弃物资源化模式研究示范。

基于流域尺度内农业农村有机废弃物资源转化产品延伸应用后可以有效控制农田氮磷养分流失，开发了农田氮磷流失源头系列组合控制技术，改变了以前各项单一技术的应用，既包含了养殖废弃物和农田废弃物（秸秆）的资源转化、生态循环利用技术，也包含了化肥减量、替代技术，有利于实现流域内农业绿色增产增效；形成了针对稻-麦、稻-油等轮作制度下的农田养分优化施肥技术体系；其特点是就地生态循环、化肥氮磷减量施用和化肥部分替代组合，大幅度提高农田氮磷利用率，减少农田氮磷养分的流失污染；其核心是将流域内的有机废弃物资源生物转化为富含腐殖酸的有机肥并大面积施用，并结合秸秆还田、化肥氮磷减量施用等，通过以腐殖酸肥对土壤功能的调节为核心的多种控养分流失产品的组合应用，达到提高农田氮磷利用率、降低农田氮磷养分分流失率的目的。通过多年的技术示范总结形成了安徽省地方标准《环巢湖地区小麦氮磷减量控制栽培技术规程》（DB 34/T 3295—2018）和《环巢湖地区水稻氮磷减量控制栽培技术规程》（DB 34/T 1427—2011），在示范区内示范2.15万亩，并在巢湖流域多地推广了4万多亩次，组合技术可减施化肥氮磷20%~30%，减少农田氮磷流失25%~35%。

研发集成了农村生活污水多元化低成本处理关键技术，实现了农村生活污水处理与农业生产利用的结合。针对流域内生活污染治理现状，从村庄生活污水处理与利用综合解决方案出发研发了土壤净化床污水处理技术和一种气体除臭循环式活性污泥法一体化污水处理设备，集成了农村生活污水多元化低成本处理的关键技术，并建立了相应示范工程。第三方连续 6 个月的监测表明，处理效果达到城镇生活污水一级 B 排放标准。

技术来源：中国农业科学院农业环境与可持续发展研究所。

10.3.3　巢湖苦驴河农业农村清洁流域

由于受到低山丘陵地貌的影响，巢湖派河上游苦驴河小流域污染特征较为明显。磷自然本底含量高和大坡降耦合致使自然本底磷流失严重；坡岗地面积占比大，在农业生产中缺乏有效的水土保持措施；高落差导致水流速度快，对土表、沟道边壁、沟底侵蚀严重；农村居民多依山居住在高处，生活污染对流域上游水质产生直接影响；污染物产、转、移、离全过程与流域降雨蓄、产、汇、流过程紧密相关。更为重要的是"十三五"期间派河干流是"引江济淮"工程的输水通道，这对派河上游苦驴河等小流域的水质提出了更高要求。水专项针对巢湖流域低山丘陵农业区的特征，以小流域养分和水资源循环利用为思路，提出了低山丘陵农业区清洁产流与水源涵养整装成套方案，研发了低山丘陵农业区水源涵养和生态保育集成技术。

（1）构建了以控制低山丘陵农业区山林地及坡岗地水土流失为主的水源涵养技术体系，有效降低了派河上游小流域土壤侵蚀模数。

派河上游低山丘陵农业区位于紫蓬山脚下，地势南高北低，坡度较大。同时，该区域降水分布不均，每年约80%的降水集中在 6 月、7 月和 8 月 3 个月，加之林地和坡岗地植被覆盖度较低，容易形成水土流失问题。针对此问题，以提升植被覆盖度与控制氮磷流失为原则，在山林陡坡区采用封山育林和自然修复技术，从源头提高天然林地的水源涵养功能；在丘陵岗地缓坡地带，采用有机肥替代和秸秆覆盖技术控制经济林种植过程中的水土及养分流失；在丘陵岗地缓坡地带尾端，采用植物篱–经果林拦截技术净化农田尾水。通过以上 3 个层面技术的联合作用，山林地土壤侵蚀模数削减 27.28%，总氮和总磷分别削减 20.94% 和 20.05%，坡岗地土壤侵蚀模数削减 26.20%，总氮和总磷分别削减 28.32% 和 26.26%，实现了上游流域水源涵养与水土保持能力的提升。创新了以蜡状芽孢杆菌（该菌的保藏编号为 CCTCC NO：M2013265）为发酵菌剂的蓝藻有机肥堆肥及植物篱设置三级截排水沟污染净化等关键技术，为小流域土壤侵蚀模数削减提供了有力支撑。"十三五"期间相关技术得到了大规模推广应用，经第三方评估技术就绪度达到 7 级。

（2）构建了以有机废弃物资源化和养分循环利用为主的低山丘陵农业区农

业农村污染治理技术体系，有效降低了派河上游小流域农业农村污染负荷，实现了"种-养-生"污染一体化防控。

派河上游低山丘陵农业区磷自然本底含量高和大坡降耦合致使自然本底磷流失严重，同时旱作坡耕、高强度农田施肥及农村居民依山居住在高处使得农业农村面源污染问题十分突出。针对此问题，以有机废弃物资源化和养分循环利用为原则，形成了"种养结合""种种种结合"和"生种结合"等循环农业集成技术。通过肥料化及基质化技术实现畜禽养殖废弃物资源化利用，通过垫料化和饲料化技术实现农作物秸秆资源化利用，并确定了低山丘陵农业区 1 亩农田可以消纳 3 头猪产生的粪污的安全限值，为"种养结合"循环农业提供了基础。通过秸秆还田及覆盖技术控制农田养分流失，通过水肥一体化和生态沟渠拦截技术降低农田尾水污染负荷，为"种种结合"循环农业提供了基础。通过一体化设备+人工湿地及土壤净化床等技术实现农村生活污水尾水的就地就农利用，并确定了低山丘陵农业区 $20 \sim 30 \mathrm{m}^2$ 农田可以消纳 1 人生活污水尾水的安全限值，为"生种结合"循环农业提供了基础。通过以上多项技术的协同作用，农田径流总氮的削减率平均为 35.94%，总磷的削减率平均为 36.44%，农村生活污水处理后排放尾水达到安徽省地方标准一级 A 标准，养殖 N、P 污染排放量削减 100%。创新了养殖粪便与污水一体化及无害化处理、种植尾水污染治理"三循环"和农村生活污水一体化净化与资源利用等关键技术，为小流域"种-养-生"污染一体化防控提供了有力支撑。"十三五"期间相关技术得到了大规模推广应用，经第三方评估技术就绪度达到 7 级。

(3) 构建了以生态沟塘与多级微堰为主的低山丘陵农业区径流调蓄技术体系，有效改善了水质并调控了水量，保障了派河上游小流域的清水产流。

派河上游低山丘陵农业区高落差导致水流速度快，土壤侵蚀严重，也使得上游流域水资源分布不均、存蓄贫乏，更为重要的是污染负荷不经有效削减便输入下游水体，极易产生流域出口水质超标的问题。针对此问题，以促进流域水文脉络连通为原则，根据沟道底部比降差异和底质情形，以沟底比降 3% 和 6%、底质是否为适生性土壤为分型标准构建生态沟渠、多级微堰或生态沟渠-多级微堰；根据池塘在水路系统中的过流型/旁路型特征，将生态塘分别与沟道串联/并联。通过将多级微堰径流调蓄、生态沟渠与生态塘污染削减等技术进行有机组合、优势集成，形成了生态沟渠-多级微堰-生态塘径流调蓄技术体系，并确定了 $223\mathrm{m}^2$ 生态沟渠-多级微堰或 1 亩生态塘可以消纳 100 亩农田（假设无其他污染输入）污染物的安全限值。通过以上多项技术的互补作用，径流调蓄污染物总氮、总磷和 SS 分别削减 64.8%、83.0% 和 93.6%，蓄水能力提升 11%，保障了上游流域的水量调控和水质改善。创新了多级微堰-调蓄拦截和生态沟渠-多级微堰嵌套构建等关键技术，为小流域清洁产流提供了有力支撑。"十三五"期间相关技术得到了大规模推广应用，经第三方评估技术就绪度达到7级。

（4）构建了巢湖流域低山丘陵农业区水源涵养和生态保育模式，支撑流域农业农村污染负荷削减和清洁小流域建设。

派河上游流域低山丘陵地貌特征明显、水污染因素多而复杂，流域出口水质超标的风险较大。针对此问题，以"控增量、减存量、扩容量"为目标，以小流域为单元，根据低山丘陵农业区污染物产、转、移、离全过程与流域降雨蓄、产、汇、流过程紧密相关的特点，构建了低山丘陵农业区水源涵养和生态保育模式（图10.5）。在坡度大于20°的上游区域采用低山丘陵农业区山林地及坡地水源涵养技术控制水土流失，降低小流域土壤侵蚀模数。在坡度小于20°的农业农村区域采用低山丘陵农业区农业农村污染治理技术，实现"种–养–生"污染一体化防控，降低小流域农业农村污染负荷。在坡度小于20°的河道和池塘区域采用低山丘陵农业区生态沟塘与多级微堰径流调蓄技术，实现水质净化和水量调控，并确定了上游区域输入水质COD、盐度、氨氮和总磷应分别控制在15mg/L、1.5‰、2mg/L和0.5mg/L以下的安全限值。通过三项技术的组合应用形成了上游水源涵养区—中游污染控制区—下游径流调蓄区的技术模式，为派河清洁小流域建设提供了有力支撑。

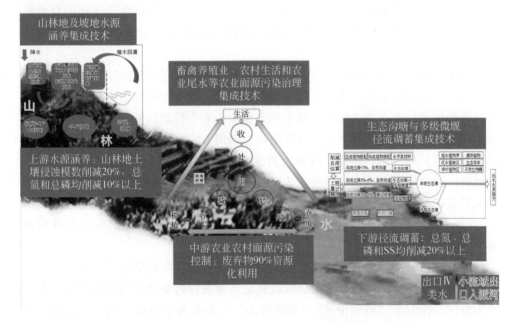

图10.5 低山丘陵农业区水源涵养和生态保育集成技术路线图

技术来源：中国农业科学院农业环境与可持续发展研究所。

10.3.4　海河下游潮河农业农村清洁流域

海河流域是我国三大粮食生产基地之一，是我国小麦、玉米、蔬菜、肉类的主产区。海河流域也是我国化肥消费量较大区域之一，在保障粮食安全的同时也付出了巨大的资源环境代价。一方面，粮食刚性需求压力下农田地力衰竭导致土壤养分固持能力差、氮磷资源流失严重；另一方面，畜禽养殖迅猛发展造成巨大的环境压力，养殖业废弃物处置不合理，种养关系失衡，养分和能量循环利用不畅。高投入、高消耗、高排放的集约化农业生产方式，导致农业面源成为流域水体污染的主要来源。

海河下游潮河流域是全国商品粮生产基地，同时也是山东省重要优质生猪供应基地，2018 年农作物总产量达到 71.83 万 t，畜禽养殖量为 449 万头猪当量。该区域在保障粮食和肉类安全生产的同时，也付出了巨大的资源环境代价，加之种植业与畜牧业发展规模在空间上存在一定的错位，部分地区畜禽粪污量超过了农田的承载能力，外排的畜禽粪污对环境的污染风险较大，存在种植、养殖和农村生活叠加污染的问题。基于此，在区域统筹管理、多元主体共治、运维机制层面进行了探索，创新并践行了以企业为"内动力"推动废弃物资源化的良性循环路径，形成"种–养–生"污染一体化治理与产业发展紧密结合的"滨州案例"。

相关研究成果辐射推广面积达 45km²，并应用于山东滨州年产 720 万 m³ 生物天然气工程建设项目，为农业养殖废弃物大型沼气工程和沼液资源化利用产业链升级提供了技术支撑，保障滨州市 9 个乡镇 418 个行政村的厕所粪污得到了资源化利用。另外，相关研究成果已在山东、四川、宁夏、北京和浙江等省（自治区、直辖市）得到推广应用，规模达到 50 多万亩农田、12 万头猪当量和 251 个行政村。研究成果入选中国科协生态环境产学联合体 2019 年度"中国生态环境十大科技进展"。

（1）形成了企业为"主力军"县域"种–养–生"污染协同防治长效管理案例。

农业农村污染治理有其特殊性，周期长、见效慢，农村清洁化、农业生态化都有一个培育期，如何发挥长效运维机制是农业农村污染治理的突出难题。在滨州示范区，探索了"政府指导""政策保障""企业为主力军"的污染治理运维机制。

技术推广方面，探索了"政产学研用"梯级技术推广案例，建立了国家、省和市三级科研团队、地方农业技术推广部门、龙头企业及农民全面参与的技术梯级推广队伍,结合地方需求和农业产业转型升级需求,协同推进农业科技创新和成果转化应用。科研人员、地方企业和地方技术推广部门联合编制了《平原河网区小麦减肥增效生产技术规程(征求意见稿)》、《平原河网区小麦-玉米咸淡水组合灌溉技术规程(征求意见稿)》和《平原河网区玉米清洁生产技术规程(征求意见稿)》,提高了相关技术的可操作性,并促进了相关技术的标准化应用。

政策保障方面,地方政府加强指导和政策扶持力度,滨州市人民政府下发了《滨州市打好农业农村污染治理攻坚战2018—2020年作战方案(试行)》等文件,实施农药减量控害工程、化肥减量增效工程、有机肥增施替代工程、农业生产废弃物资源化提升工程,以专业化、规模化、产业化为方向,以畜禽养殖和农业种植有机废弃物为重点,整县(区)推进农业有机废弃物资源化利用。规模化畜禽养殖污染防治工程,严格落实养殖户环境保护主体责任制度和畜禽规模养殖环评制度,规定制定畜禽规模养殖等畜牧业发展规划时,须依法依规进行环境影响评价。

长效运维方面,以区域有机废弃物资源化利用中心为纽带,地方农业龙头企业通过第三方购买服务,将农村厕所粪便进行专业化收集,同企业已有的养殖废弃物和作物秸秆协同处理,农业企业为"内动力",将农业有机废弃物资源化融入强筋优质小麦清洁种植、无抗生猪生态养殖两大主导产业,发挥了地方龙头企业在面源污染治理中的产业化、工程化优势,倒逼农业转型升级高质量发展和生态环境有效持续治理,推动农业农村环境污染治理和农业现代化转型升级紧密结合。

(2)形成了"以系统间营养物质高效转化为纽带,生态循环区域统筹"的"种-养-生"污染综合防治技术案例。

针对粮食刚性需求与水环境保护之间的矛盾,以保障粮食安全和污染负荷削减为核心目标,按照清洁生产、种养平衡、生态联控和区域统筹的思路,以种植-养殖-生产生活系统间营养物质高效转化为手段,形成了种植-养殖-农村厕污污染一体化防治技术体系,实现了传统"资源—产品—废物排放"的线性生产案例向流域化、循环化、效益化的点—线—面一体相结合的方式转变。

针对流域农业种养脱节问题,突破了区域种养一体化农业增效减负技术,变废为宝,助力农业生态循环产业链转型升级。结合产业链上下游,将小麦深加工产生的酒糟作为饲料主体,再配入麸皮和玉米面形成特有的液态蛋白饲料用于生猪养殖;引入酒糟废液与猪粪共发酵,促进养殖产生的粪便资源化和能源化利用,使其转化成沼气和生物质天然气,同时沼液作为有机肥回到种植基地。构建的高效种植—生态养殖—废弃物资源化能源化利用生态循环产业链案例，对种植和养殖废弃物进行多级多梯度综合利用，实现种植和养殖零距离对接，在提供优质小麦玉米的同时，提高畜禽粪便收集无害化资源化利用效率。

针对农村厕所粪污收集、清运和资源化难题，研究了农村厕所粪污收储、转运、资源化技术和配套厕具。针对农村公厕，研发了以负压收集技术和污水源分离技术为支撑的农村节水无味生态厕所源分离关键技术；针对农村户厕，引入企业作为治理主体，嵌套智慧环卫系统，实现信息化智能化管理；将村镇收集的粪污统一运送至粪污集污池，通过可再生能源技术和农村厕所粪污收集处理技术优化组合，形成因地制宜农村有机废弃物资源化处理和循环利用案例。

针对海河下游沟渠建设功能混乱及河岸带生态功能退化等现状造成的农业排水沟渠水质污染叠加、农田退水难达标入河等问题，研发并集成了基于生态沟渠和河岸带结构优化的流域面源污染生态联控技术体系，主要包括退水沟渠水质净化与生态修复技术及河岸带结构优化与退水污染净化技术两套关键技术。研发的退水沟渠水质净化与生态修复技术，合理设计适合不同级别的生态型排水沟渠，构建沟渠空间形态，建立生态护坡和植被过滤带，全过程、全方位、多时空逐级削减农田退水面源污染，形成灌排协同技术集成与水肥盐一体化控制的沟渠生态系统技术。研发的河岸带结构优化与退水污染净化技术，主要通过河岸带结构优化、合理布局导流设施、优化配置植被带，构建河岸带生态拦截系统；同时，根据农田退水的排放去向与利用方式，串联形成河道走廊湿地—高效生物塘—改进型人工快渗多级组合的退水生态截流净化与循环利用技术。

通过"种-养-生"循环关键技术建立了种养循环产业链条，在保障产量的前提下，小麦-玉米整个轮作周期硝态氮、铵态氮和磷素流失量分别平均减少22.78%、40.36%和36.93%，养殖废弃物资源化利用率超过90%。通过农村有机废弃物资源化处置与循环利用技术的集成和示范，公厕灰水处理后符合《城镇污水处理厂污染物排放标准》（GB 18918—2002）一级 A 回用标准，黑水处理后符合《粪便无害化卫生标准》（GB 7959—2012），冲厕耗水减少约84.5%，农村厕所粪尿全养分制肥后回田应用。

技术来源：中国农业科学院农业环境与可持续发展研究所。

参 考 文 献

陈利洪，舒帮荣，李鑫．2019．基于排泄系数区域差异的中国畜禽粪便沼气潜力及其影响因素评价 [J] ．中国沼气，37（2）：7-11.

高懋芳，邱建军，刘三超，等．2014．基于文献计量的农业面源污染研究发展态势分析 [J] ．中国农业科学，47（6）：1140-1150.

李红娜，吴华山，耿兵，等．2020．我国畜禽养殖污染防治瓶颈问题及对策建议 [J] ．环境工程技术学报，10（2）：167-172.

李卫华，范平，黄东风，等．2011．稻田氮磷面源污染现状、损失途径及其防治措施研究 [J] ．江西农业学报，（8）：122-127.

李云霞．2008．基于 CNKI 数据库的农业面源污染文献定量研究 [C] ．北京：中国土壤学会海峡两岸土壤肥料学术交流研讨会．

鲁艳红，聂军，廖育林，等．2018．氮素抑制剂对双季稻产量、氮素利用效率及土壤氮平衡的影响 [J] ．植物营养与肥料学报，24（1）：95-104.

伦飞，刘俊国，张丹．2016.1961—2011 年中国农田磷收支及磷使用效率研究 [J] ．资源科学，38（9）：1681-1691.

骆永明，滕应．2020．中国土壤污染与修复科技研究进展和展望 [J] ．土壤学报，57（5）：1137-1142.

孟祥海．2014．中国畜牧业环境污染防治问题研究 [D] ．武汉：华中农业大学：118-121.

农业农村部渔业渔政管理局．2019．2019 中国渔业统计年鉴 [M] ．北京：中国农业出版社．

欧阳威，黄浩波，蔡冠清．2014．巢湖地区无监测资料小流域面源磷污染输出负荷时空特征 [J] ．环境科学学报，34（4）：1024-1031.

田晓晓，王湧，曹冬梅，等．2018．饲料中微量元素减排研究现状及进展 [J] ．中国饲料，（3）：10-14.

王传杰，王齐齐，徐虎，等．2018．长期施肥下农田土壤–有机质–微生物的碳氮磷化学计量学特征 [J] ．生态学报，38（11）：3848-3858.

王敏锋，严正娟，陈硕，等．2016．施用粪肥和沼液对设施菜田土壤磷素累积与迁移的影响 [J] ．农业环境科学学报，35（7）：1351-1359.

王明利．2018．改革开放四十年我国畜牧业发展：成就、经验及未来趋势 [J] ．农业经济问题，（8）：60-70.

夏小江，胡清宇，朱利群，等．2011．太湖地区稻田田面水氮磷动态特征及径流流失研究 [J] ．水土保持学报，25（4）：21-25.

谢经朝，赵秀兰，何丙辉，等．2018．汉丰湖流域农业面源污染氮磷排放特征分析 [J] ．环境科学，40（4）：242-251.

徐瑾．2018. 国外畜禽养殖污染治理的立法经验及启示［J］．世界农业，（6）：18-23，70.

徐伟朴，陈同斌，刘俊良，等．2004. 规模化畜禽养殖对环境的污染及防治策略［J］．环境科学，25（增刊）：105-108.

徐应明．1995. 畜禽养殖行业废水排放标准的研究［J］．上海环境科学，（2）：27-30，46.

薛利红，何世颖，段婧婧，等．2017. 基于养分回用–化肥替代的农业面源污染氮负荷削减策略及技术［J］．农业环境科学学报，36（7）：1226-1231.

杨林章，薛利红，施卫明，等．2013. 农村面源污染治理的"4R"理论与工程实践——总体思路与"4R"治理技术［J］．农业环境科学学报，32（1）：1-8.

叶婧，耿兵，李红娜，等．2013. 微生物技术在农业面源污染系统控制方案中的应用［C］．广州：第五届全国微生物资源学术暨国家微生物资源平台运行服务研讨会.

尹爱经，薛利红，杨林章，等．2017. 生活污水氮磷浓度对水稻生长及氮磷利用的影响［J］．农业环境科学学报，36（4）：768-776.

于飞，施卫明．2014. 基于文献计量学的国内外面源污染研究进展分析［J］．中国农学通报，30（5）：242-248.

俞映倞，杨林章，李红娜，等．2020. 种植业面源污染防控技术发展历程分析及趋势预测［J］．环境科学，41（8）：3870-3878.

张宝生，张思明．2016. 基于关键词共现和社会网络分析法的文化创意产业研究热点分析［J］．图书情报工作，60（增刊1）：121-126，144.

张福锁．2018. 农业绿色发展战略与挑战［EB/OL］．http://www.h2o-china.com/news/282165.html［2022-10-22］.

张文学，孙刚，何萍，等．2013. 脲酶抑制剂与硝化抑制剂对稻田氨挥发的影响［J］．植物营养与肥料学报，19（6）：1411-1419.

张晓龙，张玉平，高德才，等．2014. 不同施肥模式对旱地土壤氮磷钾径流流失的影响［J］．水土保持学报，28（6）：39-43.

中国畜牧业年鉴编辑委员会．2019. 2019 中国畜牧业年鉴［M］．北京：中国农业出版社．

中华人民共和国国家统计局．2020. 第二次全国污染源普查公报［EB/OL］．http://www.mee.gov.cn/home/ztbd/rdzl/wrypc/zlxz/202006/t20200616_784745.html［2020-08-09］.

中华人民共和国农业部．2015. 到 2020 年化肥使用量零增长行动方案［EB/OL］．http://www.moa.gov.cn/ztzl/mywrfz/gzgh/201509/t20150914_4827907.htm［2015-11-08］.

中华人民共和国农业部．2015. 农业部关于打好农业面源污染防治攻坚战的实施意见［EB/OL］．http://jiuban.moa.gov.cn/zwllm/zwdt/201504/t20150413_4524372.htm［2015-05-18］.

钟伟金，李佳，杨兴菊．2008. 共词分析法研究（三）——共词聚类分析法的原理与特点［J］．情报杂志，（7）：118-120.

周启星，罗义，王美娥．2007. 抗生素的环境残留、生态毒性及抗性基因污染［J］．生态毒理学报，2（3）：243-251.

朱志平，董红敏，魏莎，等．2020. 中国畜禽粪便管理变化对温室气体排放的影响［J］．农业环境科学学报，39（4）：743-748.

Arora M, Kiran B, Rani S, et al. 2008. Heavy metal accumulation in vegetables irrigated with water from different sources [J]. Food Chemistry, 111: 811-815.

Baruah A, Baruah K K, Bhattacharyya P. 2016. Comparative effectiveness of organic substitution in fertilizer schedule: impacts on nitrous oxide emission, photosynthesis, and crop productivity in a tropical summer rice paddy [J]. Water, Air, & Soil Pollution, 227 (11): 410.

Boxall A B A, Fogg L A, Blackwell P A, et al. 2004. Veterinary medicines in the environment [J]. Reviews of Environmental Contamination and Toxicology, 180: 1-91.

Cao L, Wang W, Yang Y, et al. 2007. Environmental impact of aquaculture and countermeasures to aquaculture pollution in China [J]. Environmental Science & Pollution Research International, 14 (7): 452-462.

Crab R, Defoirdt T, Bossier P, et al. 2012. Biofloc technology in aquaculture: beneficial effects and future challenges [J]. Aquaculture, 356 (4): 351-356.

FAO. 2017. FAO Stat Data [EB/OL]. http://www. fao. org/faostat/zh/#home[2018-01-19].

Farmworth E R, Modler H W, Mackie D A. 1995. Adding Jerusalem artichoke (*Helianthus tuberosus* L.) to weanling pig diets and the effect on manure composition and characteristics [J]. Animal Feed Science and Technology, 55 (1): 153-160.

Griffin R C, Bromley D W. 1982. Agricultural runoff as a nonpoint externality: a theoretical development [J]. American Journal of Agricultural Economics, 64 (3): 547-552.

Guan T X, He H B, Zhang X D, et al. 2011. Cu fractions, mobility and bioavailability in soil-wheat system after Cu-enriched livestock manure applications [J]. Chemosphere, 82: 215-222.

Ju X T, Gu B J, Wu Y Y, et al. 2016. Reducing China's fertilizer use by increasing farm size [J]. Global Environmental Change, 41: 26-32.

Ju X T, Xing G X, Chen X P, et al. 2009. Reducing environmental risk by improving N management in intensive Chinese agricultural systems [J]. Proceedings of the National Academy of Sciences, 106 (9): 3041-3046.

Mazhar S H, Li X, Rashid A, et al. 2021. Co-selection of antibiotic resistance genes, and mobile genetic elements in the presence of heavy metals in poultry farm environments [J]. Science of the Total Environment, 755: 142702.

Min J, Shi W M. 2018. Nitrogen discharge pathways in vegetable production as non-point sources of pollution and measures to control it [J]. Science of the Total Environment, 613: 123-130.

Min J, Zhao X, Shi W M, et al. 2011. Nitrogen balance and loss in a greenhouse vegetable system in southeastern China [J]. Pedosphere, 21 (4): 464-472.

Naylor R L, Hardy R W, Bureau D P, et al. 2009. Feeding aquaculture in an era of finite resources [J]. Proceedings of the National Academy of Sciences, 106 (36): 15103-15110.

Nimmermark S. 2011. Influence of odour concentration and individual odour thresholds on the hedonic tone of odour from animal production [J]. Biosystems Engineering, 108 (3): 211-219.

Ouyang W, Song K, Wang X, et al. 2014. Non-point source pollution dynamics under long-term agricultural development and relationship with landscape dynamics [J]. Ecological Indicators, 45:

579-589.

Philip T K. 2010. Livestock production: recent trends, future prospects [J]. Philosophical Transactions of the Royal Society B Biological Sciences, 365 (1554): 2853-2867.

Qiao J, Yang L, Yan T, et al. 2012. Nitrogen fertilizer reduction in rice production for two consecutive years in the Taihu Lake area [J]. Agriculture, Ecosystems & Environment, 146 (1): 103-112.

Segerson K. 1998. Uncertainty and incentives for nonpoint pollution control [J]. Journal of Environmental Economics and Management, 15: 87-98.

Shortle J S, Dunn J W. 1986. The relative efficiency of agricultural source water pollution control policies [J]. American Journal of Agricultural Economics, 64 (3): 668-677.

Singh R P, Singh A, Srivastava V. 2016. Environmental issues surrounding human overpopulation [C] //Sarkar A, Datta S, Singh P. Tropospheric Ozone Pollution, Agriculture, and Food Security. Hershey, PA, USA: IGI Global, Information Science Reference.

Steinfeld H, Gerber P, Wassenaar T, et al. 2006. Livestock's long shadow: environmental issues and options [R]. Rome: FAO.

Tang K, Baskaran V, Nemati M. 2009. Bacteria of the sulphur cycle: an overview of microbiology, biokinetics and their role in petroleum and mining industries [J]. Biochemical Engineering Journal, 44 (1): 73-94.

Wang H, Yilihamu Q, Yuan M, et al. 2020. Prediction models of soil heavy metal (loid) s concentration for agricultural land in Dongli: a comparison of regression and random forest [J]. Ecological Indicators, 119: 106801.

Wang R, Zhao X, Liu H, et al. 2019. Elucidating the impact of influent pollutant loadings on pollutants removal in agricultural waste- based constructed wetlands treating low C/N wastewater [J]. Bioresource Technology, 273: 529-537.

Wang Y, Chen Z, Wen Q, et al. 2021. Variation of heavy metal speciation, antibiotic degradation, and potential horizontal gene transfer during pig manure composting under different chlortetracycline concentration [J]. Environmental Science and Pollution Research, 28: 1224-1234.

Wang Z, Zheng H, Luo Y, et al. 2013. Characterization and influence of biochars on nitrous oxide emission from agricultural soil [J]. Environmental Pollution, 174: 289-296.

Wu Y Y, Xi X C, Tang X, et al. 2018. Policy distortions, farm size, and the overuse of agricultural chemicals in China [J]. Proceedings of the National Academy of Sciences of the United States of America, 115 (27): 201806645.

Xiong X, Zhang L X, Hao Y, et al. 2020. Urban dietary changes and linked carbon footprint in China: a case study of Beijing [J]. Journal of Environmental Management, 255: 109877.

Yao Y, Gao B, Zhang M, et al. 2012. Effect of biochar amendment on sorption and leaching of nitrate, ammonium, and phosphate in a sandy soil [J]. Chemosphere, 89 (11): 1467-1471.

Zerizghi T, Yang Y, Wang W, et al. 2020. Ecological risk assessment of heavy metal concentrations in sediment and fish of a shallow lake: a case study of Baiyangdian Lake, north China [J]. Environmental Monitoring and Assessment, 192: 154.

Zhang C, Liu S, Wu S, et al. 2019. Rebuilding the linkage between livestock and cropland to mitigate agricultural pollution in China [J]. Resources, Conservation and Recycling, 144: 65-73.

Zhang X L, Zhang Y P, Gao D C, et al. 2014. Effects of different kinds of fertilization modes on soil nitrogen, phosphorus and potassium runoff in dryland field [J]. Journal of Soil and Water Conservation, 28 (6): 39-43.